사랑을
하고 싶은
너에게

사랑을
하고 싶은
너에게

가와마쓰 야스미 지음
형진의 옮김

들어가며

우리는 모두 태어나고 그리고 죽습니다. 누구도 예외는 없습니다. 누구나 아는 사실이지만 생각해 보면 이상합니다. 수십 년전에, 그때까지 존재하지 않았던 나라는 생명이 태어났고, 지금이렇게 살며 존재하고 있는데, 언젠가는 죽어서 존재하지 않게됩니다. 어느 날 나타났다가 결국 반드시 사라지는 생명. 인간의경우 대부분이 수십 년 동안 존재하다가 사라집니다. 누구나 의식했을 때는 이미 시작된 생명이 있는 시간을 살다가 죽어 가는것입니다.

저는 초등학교에서 학생들을 가르치고 있습니다. 30년쯤 전부터 생명에 대해 학생들에게 열심히 가르쳤습니다. 생명이란무엇인가? 우리는 어떻게 태어나는 것인가? 모르는 것이 너무많습니다. 과학자들이 생명에 대해 열심히 연구한 덕분에 생명현상의 다양한 일들이 밝혀졌습니다. 지금은 인간의 유전 정보(게놈)가 모두 밝혀졌고, 탄생의 프로세스도 밝혀졌고, 엄마 배속의 태아의 모습도 분명하게 볼 수 있게 되었습니다. 그런데 과학적으로 밝혀지는 일들이 많아지면 많아질수록 더욱더 생명의 불가사의, 신비를 느낍니다.

신비에 가득 찬 생명을 우리는 살고 있습니다. 그 생명에 대해 알고 생각하는 것은 당연히 사는 것에 대해 생각하는 것이기도 합니다. 또한 우리의 생명은 남성과 여성, 두 사람이 없으면 다음 세대로 이어 갈 수가 없기에 생명을 생각하는 것은 '성(性)'을 생각하는 것이기도 합니다.

여러분은 앞으로 '성' 문제와 함께 살아가게 됩니다. 그런데 '성'에 대해 제대로 배울 기회가 없고, 누구에게 묻거나 이야기하기 어렵다고 느낄 수도 있습니다. 그러나 '성'이란 그것 없이는 생명이 끊어져 버리는, 없어서는 안 되는 '삶'의 일부분입니다.

이제부터 '삶'의 일부로서의 '성'을 포함해 '생명'에 대해 여러분과 함께 생각하고자 합니다.

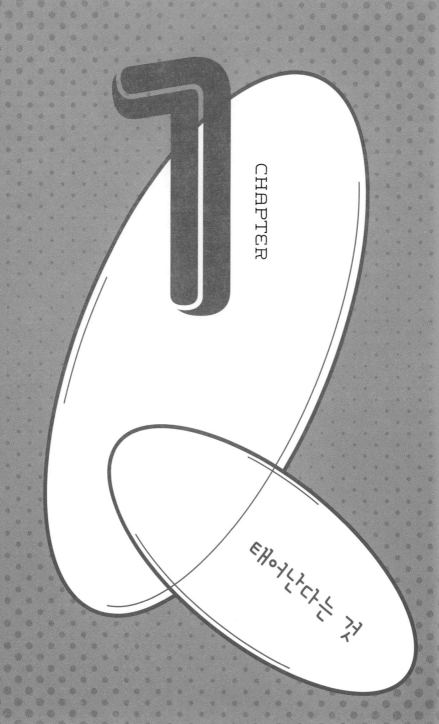

CHAPTER

1

태어난다는 것

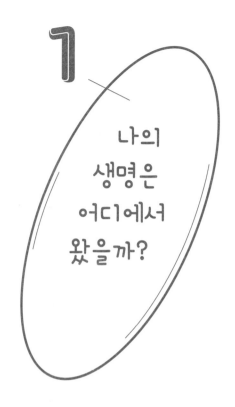

1

나의
생명은
어디에서
왔을까?

– 우리는 어디서 와서 어디로 가나요 ?

우리는 모두 어디에서 와서 태어나, 죽으면 어디로 갈까요? 누구나 한 번은 불가사의하다고 생각하는 대목이지요. 그 답을 찾아내기 위해 인간은 옛날부터 많은 이야기를 만들어 전승했습니다. 불교나 그리스도교 등 여러 종교는 그 물음에 대한 답을 각각 가지고 있는데, 그것뿐만이 아닙니다. 전 세계의 여러 민족이나 부족에게 전해지는 이야기들도 그 물음에 답하려고 한 것을 볼 수 있습니다.

저는 이렇듯 말로 전하여 내려오는 신앙이나 이야기를 듣는 것을 매우 좋아합니다. 그렇지만 여러분이 알고 싶은 것은 그런 이야기가 아니고 '정말로 어디에서?', '정말로 어디로?'이지요. 유감스럽게도 그 답은 간단히 발견되지 않습니다. 그러나 여러분이 어디서 왔는지를 생각해 볼 수는 있습니다. 결론을 재촉하지 말고 함께 생각해 봅시다.

여러분은 중학생인가요? 그런데 갑자기 중학생으로 이 세상에 존재하는 것은 아니지요. 그렇다면 여러분이 지금까지 살아온 역사를 거슬러 올라가 봅시다. 천천히 생각을 더듬어 보세요.

중학교 생활은 현재 진행형이니 금방 생각이 나겠지요. 중학교 입학 때 여러분은 어떤 마음이었나요? 기뻤습니까? 불안했나요? 복잡했겠지요. 초등학교 때의 친구가 곁에 있어서 안심했나요? 혹은 또 저 녀석이랑 같이 다녀야 하나 해서 실망했을 수도 있겠네요.

초등학교 졸업식은 어땠나요? 울었나요? 저도 졸업생을 보낼 때는 항상 눈물이 나기 때문에 잘 압니다. 초등학교 시절의 추억이라면? 즐거웠던 일, 기뻤던 일도 많이 생각나겠지요. 그것은 수학여행일까요? 친구들과의 놀이나 수다일까요? 운동회나

학예회에서의 활약이 떠올랐나요? 아니면 실수를 했거나 좋지 않은 일이 생겼던 날의 괴로움이 되살아났나요? 가족이나 주변 사람들과 싸운 일도 있을 겁니다. 무서웠던 일, 슬펐던 일, 분했던 일, 화났던 일, 여러 가지를 경험했겠지요.

자, 더 거슬러 올라가 봅시다. 초등학교에 입학하기 전에 어린이집이나 유치원에서 있었던 일도 조금은 기억하나요? 전후 관계는 생각나지 않더라도 강렬하게 떠오르는 한 장면쯤은 있겠지요. 즐겁게 놀던 일? 엄마에게 야단맞던 일? 교통사고를 당했던 충격이나 아팠던 일?

이렇게 거슬러 올라가 보아도 여러분이 기억하고 있는 것은 네 살 정도까지일 거예요. 그보다 전은 스스로는 기억하지 못하지요. 그러나 분명하게 그보다 전이 있습니다. 여러분에게는 아장아장 걷던 아주 어린 시절이 있었고, 더 거슬러 올라가면 갓난아기였던 때도 있었습니다. 그때의 일은 누군가에게 물어볼 수밖에 없는데, 오로지 혼자서 컸다는 사람은 한 사람도 없지요.

- 드라마틱한 탄생의 순간이었군요

그렇게 혼자서는 살아갈 수 없는 여러분을 주위의 어른들이 젖이나 우유를 먹이고, 기저귀를 갈아 주고 재우는 등 돌봐 준

덕분에 여러분은 자랐습니다. 또 여러분이 아무리 기억하지 못해도 그런 나날에도 아프거나 상처가 나거나 이사를 가는 등 여러분에게는 여러분의 역사가 분명히 있을 겁니다.

그리고 조금 더 거슬러 올라가면 여러분이 탄생했을 때에 당도합니다. 탄생은 실로 드라마틱한 사건입니다. 사람마다 그 드라마는 전혀 다르니, 주위의 어른들에게 여러분의 탄생 에피소드를 물어보세요. 그리고 친구들과 에피소드를 교환해 보면 재미있을 거예요.

당장에 나올 것 같아서 병원 복도에서 엄마가 당황했던 이야기, 아빠가 손가락을 세어 보고 울음을 터뜨린 이야기, 태어났을 때 이미 큰 병에 걸려 곧바로 수술을 받은 이야기…. 각각 너무도 다른 이야기로 놀라겠지요. 탄생은 인생에서 최대의 드라마 중 하나입니다(또 하나는 죽음입니다).

사람마다 다른 이 드라마틱한 날에 공통되는 일이 하나 있습니다. 물론 여러분 자신은 기억하지 못하겠지만, 그것은 여러분이 매우 고통스러워하면서 힘을 내어 엄마의 배 속에서 나왔다는 사실입니다.

영화나 텔레비전 드라마에서는 엄마가 고통스러워하는 모습만 보이지만, 출산 때 힘들어서 기진맥진하는 것은 실은 엄마만이 아닙니다. 여러분 모두도 정말로 힘들었습니다! 물론 여러분은 이런 말을 들어도 와 닿지 않겠지만 정말 그렇습니다.

– 몰랐어요!

여러분은 스스로 온 힘을 다해 태어난 것입니다.

엄마의 배 속에 있던 여러분이 어떻게 밖으로 나왔는지 그 과정을 살펴봅시다. 태어나기 직전에 여러분은 엄마의 자궁 속에서 머리를 아래로 두고 있었습니다. 자궁이라는 것은 문자 그대로 아기의 궁전, 아기에게 최고의 장소입니다. 자궁은 양수라는 물로 채워져 있고, 여러분은 그 속에 떠 있었습니다. 여러분의 배꼽은 태반과 이어져 있습니다. 엄마가 호흡하며 들이마신 산소, 엄마가 먹어서 흡수한 영양을 태반을 통해 받고, 여러분이 내보내는 노폐물은 태반을 통해 엄마의 몸이 받아 내며 크는 것입니다.

그러면서 엄마의 배는 빵빵해집니다. 그때까지 편안했던 자궁도 여러분에게 갑갑해집니다. 더 이상 이곳에 있을 수 없습니다. 밖으로 나갈 때가 되면 여러분은 엄마에게 신호를 보내고, 드디어 탄생의 절차를 밟기 시작합니다.

여러분의 머리가 아래로 향하고 있는 것은, 다리를 아래로 하면 나오기 힘들기 때문입니다. 밖으로 나오려면 매우 좁은 산도를 통과해야 하는데 여러분의 몸 중에서 머리가 가장 크기 때문에 머리를 먼저 통과시키는 것입니다.

자궁에서 나오면 엄마의 골반 안으로 들어갑니다. 여러분은 좁은 곳을 나사처럼 뱅글뱅글 돌면서 전진합니다. 턱을 가슴에 붙이고 몸을 작게 하는데 이때 여러분의 두개골은 셋으로 나뉘어 미끄러지듯 서로 겹쳐져 머리를 가늘고 길게 만듭니다. 엄마의 골반의 형태에 맞춰 변형되는 것입니다. 골반도 여러분이 통과하기 쉽도록 이음매가 부드러워집니다.

그러는 동안 여러분은 그야말로 목숨을 걸고 온 힘을 냅니다. 몸이 잘 돌지 않아도 나갈 수 없고, 머리의 방향이 잘못되어도 나갈 수 없습니다. 좁은 산도의 중간에 걸려서 움직일 수 없게 되는 일도 있습니다. 산소가 부족해 괴로워지는 일도 있습니다. 자궁 속에서 영양이나 산소를 보내 주던 태반은 여러분이 밖으로 나와 처음으로 폐로 호흡할 때까지 산소를 계속 공급하지만, 여러분을 밀어내기 위해 엄마의 자궁이 강하게 수축하면 태반으로 보내지는 엄마의 혈액이 적어져서 여러분에게 충분한 산소가 도달하지 않는 일도 있기 때문입니다.

이렇게 힘들게 골반을 빠져나오면 여러분의 얼굴은 엄마의 등 쪽을 향합니다. 그리고 턱을 들고 머리를 뒤로 젖히며 엄마의 치골 밑을 통과합니다. 이제 엄마의 다리 사이로 여러분의 얼

굴이 보입니다. 마지막 힘을 냅니다. 머리 전체가 밖으로 나오면 여러분은 옆을 향한 자세로 되돌아오면서 어깨를 한쪽씩 내밀고 몸이 빠져나옵니다. 자궁에서부터 완전히 밖으로 나오기까지 몇 시간에서 반나절 이상 걸리는 엄청난 일을 통해 여러분은 태아에서 아기(신생아)가 되는 것입니다.

−고통스러웠겠어요!

인간은 태어날 때가 가장 괴로운 순간이라고 합니다. 태어난 후 이보다 고통스러운 일은 없다고 하며, 인생에서 최대의 스트레스라고 합니다.

갓 태어난 여러분은 아직 탯줄을 통해 엄마 배 속의 태반과 이어져 있습니다. 그 태반도 나옵니다(후산이라고 합니다). 태반은 직경 20cm 정도의 크기입니다. 탯줄은 잘라서 묶어 줍니다. 그 부분이 배꼽이 되는 것은 알고 있지요? 탯줄이나 태반은 자궁 속에서 산소와 영양을 준 생명줄이었습니다. 밖으로 나와 탯줄이 잘린 여러분은 이제는 혼자서 살아가야 합니다.

따뜻한 양수 속에 있다가 갑자기 밖으로 나와 스스로 호흡해야 하는 것입니다. 여러분은 태어나서 곧 크게 숨을 들이마십니다. 그러면 폐에 공기가 들어오기 때문에 응애! 하고 울어서 내

뱉습니다. 응애! 하고 우는 것은 폐호흡이 시작된 증거입니다. 이렇게 해서 여러분은 스스로 살아가기 위한 첫걸음을 내디뎠습니다. 이제부터 여러분의 몸에서는 태아 특유의 기관이 바깥세상에서 살아가기 위한 기관으로 급속히 변화해 갑니다. 심장의 구조도 몇 주가 지나면 변화합니다.

여러분 중에는 제왕절개로 태어난 사람도 있을 텐데, 탄생 때가 인생 최대의 어려움인 것에는 틀림없습니다. 그때까지 보호받던 엄마의 배 속에서 완전히 다른 환경으로 나와 자기 힘으로 폐호흡을 시작했기 때문이지요. 이렇게 극적인 변화를 경험하는 것은 일생에 단 한 번, 이때뿐입니다.

태어난다는 것은 정말 힘든 일입니다. 제 딸이 태어날 때, 딸의 머리 방향이 잘 잡히지 않아 의사 선생님이 "턱을 빼고 있으면 안 돼. 턱을 잡아당겨!"라고 말씀하시던 것을 기억합니다. 물론 그렇게 말해도 딸은 모르겠지만요.

이 이야기를 어른이 되어 구직 활동 중인 딸에게 했더니 "나는 인생에서 최대의 난관을 이미 빠져나온 거구나. 그 이야기를 들으니 힘이 난다"라고 말했습니다. 그래요, 여러분은 이미 인생 최대의 난관을 잘 극복한 것입니다. 정말 훌륭합니다. 축하해요!

– 페트병 6병 정도 무게로 태어났다구요?

자, 좀 더 거슬러 올라갑시다. 지금부터는 엄마의 배 속에 있는 여러분입니다. 태어나기 직전 그러니까 임신 10개월의 여러분은 키가 약 50cm, 몸무게는 약 3kg입니다. 500ml 페트병 6병 정도의 무게죠. 언제라도 밖으로 나갈 수 있을 만큼 자랐습니다. 이때 엄마의 배에는 아기 무게 3kg에 태반과 양수의 무게약 1kg, 모두 합해서 약 4kg 정도가 들어 있어서 배가 커집니다. 엄마도 많이 힘들겠지요?

더 거슬러 가겠습니다. 임신 7개월 무렵, 여러분은 키가 약 35cm, 몸무게는 약 1~1.2kg입니다. 이 무렵 뇌가 현저히 발달합니다.

제가 딸을 임신했을 때, 이즈음에 출혈을 해서 입원했습니다. 의사 선생님이 "아기가 지금 나오면 살 수 있는 가능성은 50%입니다. 그러니 가능한 배 속에 있게 합시다. 가급적 가만히 있으세요"라고 말했습니다. 학기 말이었기 때문에 침대에서 학생들의 성적표를 작성했던 것을 기억합니다. 의료 기술의 발달로지금은 임신 6개월에 태아가 나와도 살 수 있는 가능성이 50%라고 합니다. 그보다 전에 태어나면 아기가 무사히 살아갈 확률은 점점 떨어집니다.

태어난다는 것

임신 5개월. 여러분은 키가 25cm, 몸무게는 약 300g입니다.

그렇게 작아도 여러분은 엄마의 배를 발로 차기도 하고 건강하게 움직였을 겁니다. 머리도 이쪽을 향하기도 하고 저쪽을 향하기도 하며, 잠들기도 하고 깨기도 하며, 손가락을 빨기도 한답니다. 건강하게 움직이면 엄마도 여러분이 움직이는 것을 느낍니다. 여러분이 움직였을 때, 아빠에게 "만져 봐요"라고 말했을지도 모릅니다.

임신 4개월은 태반이 완성되는 시기입니다. 태반을 통해 영양이나 산소, 노폐물 등을 어머니와 주고받을 수 있게 되어 쑥쑥 성장합니다.

– 몸무게 4g으로 심장이 뛰기 시작한다구요?

임신 3개월. 여러분은 키가 약 8~9cm, 몸무게는 약 30g입니다. 몸무게는 태어날 때의 100분의 1입니다. 30g이라고 하면 100원짜리 동전 5개보다 조금 무거운 정도. 그래도 멋진 인간의 형태로 변해 갑니다. 그렇게 작지만 머리, 몸통, 손발의 윤곽이 분명해지고 태반도 만들어지고 있습니다.

임신 2개월에 여러분은 키가 약 2~3cm, 몸무게는 약 4g입니다. 이렇게 작은데 이 무렵부터 심장이 뛰기 시작합니다. 그렇습니다. 75세까지 산다고 가정했을 때 30억 번 뛴다는 심장 고동의 시작입니다. 저는 처음으로 임신을 확인한 이 무렵, 딸의 심장 소리를 듣고 눈물이 났습니다. 콩닥콩닥하는 그 소리는 "열심히 살고 있어요!" 그런 메시지로 들렸기 때문입니다.

– 모두 똑같아 보이는데요…

그럼 여기서 문제입니다.

다음 4개의 그림 중 어느 것이 인간의 아기(이때는 '태아'가 되기 전인 '수정란'으로 부릅니다)일까요?

비슷비슷해서 잘 모르겠다고요? 조금 더 성장한 단계의 다음 그림을 보면 어떨까요? 하나는 물고기 같다는 것을 알 수 있습니다. 그러나 나머지 3개는 구별이 안 됩니다.

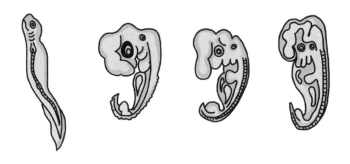

– 후반의 변화가 크네요!

그다음 단계를 보면 겨우 각각의 형태를 알 수 있습니다.

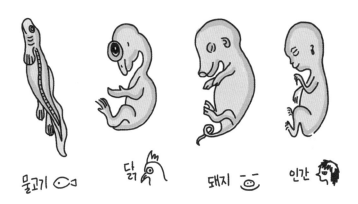

물고기 🐟   닭 🐔   돼지 🐷   인간 👤

이렇게 보면 어류, 조류, 포유류의 구별 없이 처음에는 거의 같고, 후반부터 점점 변해 가는 것을 알 수 있습니다. 인간은 자궁에서 생명의 진화의 역사를 더듬어 가는 것입니다. 임신 2개월 때 여러분은 꼬리도 있었고, 아가미도 가지고 있었습니다. 생명은 DNA에 새겨진 대로 엄청난 속도로 38억 년의 진화 과정을 전부 거친다고 합니다.

꼬리뼈를 만들어 퇴화시키고, 아가미도 만들어 귀로 바꾸어 갑니다. 손도 처음에는 양서류의 물갈퀴가 있는 손에서 물갈퀴를 점점 없애고 손가락이 생깁니다. 5개의 손가락 중 엄지손가락이 훨씬 뒤로 가면 닭의 발이 되고, 다섯 개 중 두 개가 붙으면 돼지의 발이 됩니다.

각각의 모습으로 성장한 후에도 닮은 부분이 많다고 합니다. 예를 들면 인간의 태아는 엄지손가락을 빨며 먹는 연습을 하는데, 병아리도 날개(손가락) 끝을 입에 문다고 합니다.

— 38억 년의 진화를 배 속에서 해 버린다니!

생명이란 신비하지요. 양수의 성분은 원시의 바다, 40억 년 전의 바다와 거의 같다고 합니다. 생명은 원시의 바다에서 생겨났습니다. 그렇기 때문에 어머니의 몸속에는 지구상에서 생명이 탄생했을 때의 태고의 바다가 있고, 여러분도 거기서 나고 자란 것입니다.

인간의 DNA에는 백과사전 700권 분량 정도의 정보가 새겨져 있다고 합니다. 거기에 새겨진 생명으로서의 기억을 더듬으면서 여러분은 인간이 되었습니다. 사람들은 모두 태어나기 전에 생명의 역사를 반복하는 것이지요.

여러분의 생명을 더 거슬러 올라가 봅시다.

임신 1개월 말경(임신 주 수로 세면 3주 정도), 여러분의 키는 약 1cm, 무게는 열심히 조사했지만 어느 책에도 나오지 않았습니다. 2~3cm일 때 4g이니까 더 적을 겁니다. 이렇게 작은데 이 무렵에 이미 뇌와 심장이 생기고, 여러 가지 중요한 기관을 만듭니다. 이 시기에 코나 귀, 혈관도 만듭니다.

이때부터 1~2주 전, 여러분은 0.1mm 정도의 알이었습니다. 뾰족한 연필로 종이에 콕 찍은 점 정도의 크기이지요. 수정란이라는 난 하나의 세포입니다(임신 주 수는 마지막 월경 첫날부터 세기 때문에 수정되었을 때가 2주가 됩니다).

한 인간의 세포는 약 60조 개라고 합니다. 60조 개의 세포를 가진 여러분의 생명은 이 단 한 개의 세포에서 시작된 것입니다. 수정란이라는 한 개의 세포는 사람의 유전자 정보를 가진 최초의 세포입니다. 여러분의 모든 것은 거기서부터 시작되었습니다.

축하합니다! 여러분의 시간을 그 시작까지 거슬러 올라가 봤습니다. 0.1mm 단 한 개의 세포의 탄생이, 여러분이라는 단 한 사람의 진정한 의미의 탄생입니다.

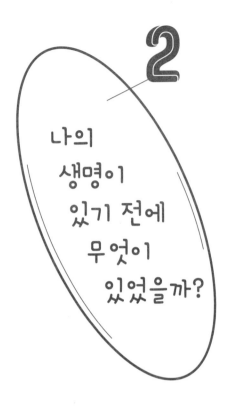

2

나의
생명이
있기 전에
무엇이
있었을까?

– 단 하나의 세포는 어떻게 온 건가요?

그렇지요. 여러분의 시간은 더 이상 거슬러 올라갈 수 없지만, 수정란이 어디서 온 것인지를 탐색하는 것은 가능합니다. 수정란은 부모님이 만드는 '생명의 씨앗'이 되는 두 개의 세포에서 생겨납니다. 그렇기 때문에 여러분의 역사를 더 거슬러 올라가려면 엄마의 몸속과 아빠의 몸속, 둘로 나누어 탐색해야 합니다.

태어난다는 것

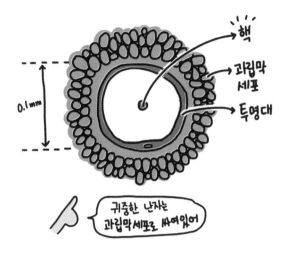

핵

과립막
세포

투명대

0.1mm

귀중한 난자는
과립막세포로 싸여있어

우선 엄마가 만드는 '생명의 씨앗'인 난자부터 봅시다. 사람 몸을 이루는 60조 개의 세포 중에서 가장 큰 세포입니다. 이 난자가 0.1mm입니다.

난자라는 세포를 엄마는 대략 평균적으로 28일에 1개, 자궁의 좌우에 있는 난소라는 곳에서 만듭니다. 난소 안에서 난모세포(난자가 되기 전의 세포)가 만들어지고, 순조롭게 성숙하면 대략 28일에 1개씩 난자가 되어 난관으로 나오게 됩니다. 이것을 배란이라고 합니다. 난소는 좌우에 한 개씩 있는데 보통 1회의 배란에 1개씩 양쪽 난소에서 번갈아 나옵니다.

난자는 핵 부분에 엄마의 유전 정보의 절반을 갖고 있습니다.

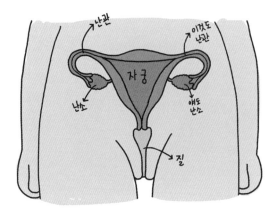

핵 주변은 영양소들이 함유되어 있습니다. 난자는 24시간, 즉 하루 정도 살아 있습니다.

－ 하루 지나면 죽나요?

그렇습니다. 난자는 '생명의 씨앗'이지만 대부분의 경우 생명이 되지 못합니다. 생명이 될 가능성을 가지고 있지만 수명은 단하루입니다. 그날 수정되지 않으면 자궁을 통과해 질을 지나 밖으로 내보내집니다.

배란이 되면 수정란이 왔을 때 잘 지낼 수 있게 하기 위해 자궁 속에서는 영양분을 준비하고 기다립니다. 그러나 난자가 수정할 수 없으면 난자만 밖으로 내보내는 것이 아니라 준비한 영양소도 모두 함께 버립니다. 이것이 월경(생리)입니다. 매번 버리는 것이 아깝다는 생각도 들지만, 단 하나의 수정란을 위해 매번 자궁 속에서 아기를 맞이할 준비를 하는 것입니다. 월경은 아기가 자랄 자궁을 준비하기 위한 중요한 과정입니다.

여성들은 사춘기가 되면 월경이 시작됩니다. 최초의 월경을 초경이라고 합니다. 초경 시기는 빠르면 초등학교 3~4학년부터 늦을 경우엔 고등학교까지로 사람에 따라 다릅니다. 여러분이 여성이라면 빨라도 늦어도 걱정할 필요는 없습니다. 옛날에는 월경이 시작되면 엄마가 되기 위한 준비가 되었다는 것, 여성이 되었다는 표시라고 하여 성대하게 축하하기도 했답니다.

월경 때에는 자궁이 수축하기도 하고, 열심히 준비한 것을 떼어 내 밖으로 내보내기 때문에 배가 아프기도 합니다. 게다가 며칠간 피가 나오기 때문에 불편함을 느끼기도 하고, 몸이 나른해지기도 합니다. 아파서 꼼짝 못하는 사람도 있고 아무렇지도 않은 사람도 있습니다. 같은 사람이라도 나이에 따라서 다르게 느껴지는 경우도 있습니다. 생리 중에는 무리하지 말고 몸을 차게 하지 말고 자신의 몸을 소중히 하세요.

이제 아빠가 만드는 '생명의 씨앗'인 정자를 봅시다. 정자는 올챙이 같은 모습을 하고 있고 머리 부분이 약 5마이크론(0.005mm) 정도, 꼬리 부분까지 합해도 50~60마이크론

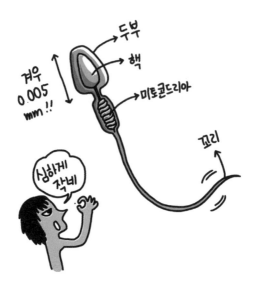

(0.05~0.06mm)입니다. 난자가 인간의 세포 중에서 가장 큰 세포인데 반해 정자는 가장 작은 세포입니다.

정자의 머리 부분에는 아빠의 유전 정보의 절반을 가진 핵이 있습니다. 머리의 맨 끝에는 효소를 가지고 있습니다. 꼬리를 사용하여 활발히 움직이기 때문에 그를 위한 에너지원으로 꼬리 부분에 미토콘드리아도 가지고 있습니다.

정자는 정소(고환)에서 만들어집니다. 정자는 열에 약하기 때문에 정소는 몸 밖에 있는 음낭에 들어 있습니다. 음낭의 피부는 얇아서 더울 때는 늘어나서 열을 발산하고 추울 때는 수축되어서 정자를 위해 온도 조절을 합니다. 난자가 만들어지는 난소는

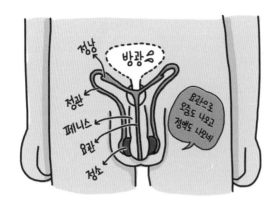

여성의 몸속에 있지만 정소는 몸 밖에 있는 것은 그 때문입니다.

난자는 28일에 한 번 만들어진다고 말했습니다. 정자는 어느 정도의 시간에 만들어질까요? 하루에 약 1억 개 만들어집니다! 5천만~1억 개라고도 하는데 여기서는 1억 개라고 해 두겠습니다. 아빠가 될 준비가 되면 매일매일 남자는 오늘도 1억 개, 내일도 1억 개, 그다음 날도 1억 개 '생명의 씨앗'을 계속해서 만드는 것입니다.

– 우와, 그렇게나 많이 만드나요?

엄청나지요. 이렇게 만들어진 정자들은 몸속의 정낭에서 나오는 젤리 같은 액체와 함께 요도를 통해 페니스로 내보내집니

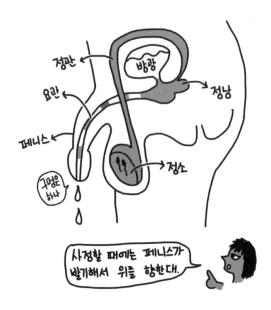

정관 방광 정낭 요관 페니스 구멍은 하나 정소

사정할 때에는 페니스가 발기해서 위를 향한대.

다. 이 액체가 정액입니다. 그리고 정액이 페니스를 통해 나오는 것이 사정입니다. 정자를 내보낼 때 페니스는 단단하게 되어 위를 향합니다(발기라고 합니다). 그때 방광의 문은 꼭 닫혀져 소변은 나오지 않습니다.

정자는 약 2~3일간 살 수 있는데 공기와 접촉하면 금세 죽습니다. 남자아이들은 초등학교 5학년부터 고등학교 사이에 첫 사정이 있는데 이것을 몽정이라고 합니다. 잠을 자다가 꿈을 꾸며 정액이 나오는 사람이 많은 것 같습니다.

여러분이 남학생이고, 혹시 아침에 일어나 팬티가 젖어 있다면 몽정일 수 있습니다. 아빠가 될 준비가 되었다, 남성이 되었다는 표시이니 스스로 팬티 정도는 빨도록 합시다.

– 몽정이 있으면 그 후로 계속 정자를 만드나요?

그렇습니다. 매일 계속해서 만듭니다. 이렇게 해서 남자, 여자가 각각 '생명의 씨앗'을 계속 만드는데 그 대부분이 생명이 되지 못합니다. 생명이 되기 위해서는 엄마가 만든 난자와 아빠가 만든 정자가 만나야 합니다. 엄마와 아빠가 성교를 해서 엄마의 몸속에서 난자와 정자가 만나면 수정란이 됩니다. 수정란이 되어야 비로소 새로운 생명이 될 수 있는 것입니다. 그러나 수정란이 만들어지는 것은 그리 간단한 일이 아닙니다. 그 만남에는 많은 시련이 기다리고 있습니다.

난자와 정자는 어떻게 만나는지 순서대로 봅시다. 좌우 어느 한쪽의 난소에서 나온 난자는 난관의 중간에서 기다립니다. 하루 정도면 죽기 때문에 그 사이에 정자와 만나야 합니다. 정자에게는 난관에서 기다리고 있는 난자가 목표 지점입니다. 그곳에 도달하기 위해 아빠는 엄마의 질 안에 페니스를 삽입하여 정자를 힘차게 보냅니다. 1회의 사정으로 보내지는 정자의 수는 1~4억 개라고 하는데 개인차도 크기 때문에 여기서는 대략 3억 개라고 해 두겠습니다.

자궁의 입구를 향해 정자를 보내기 위해, 또 정자가 공기에 닿지 않게 하기 위해 페니스는 발기해서 단단하게 되어 질 속에 넣을 수 있게 됩니다. 그렇지만 아빠가 할 수 있는 것은 여기까지이고, 그 후에는 정자들이 스스로의 힘으로 난관까지 도달해야 합니다.

질에서 난관까지의 길이는 15~20cm입니다. 정자의 크기는 꼬리를 포함해 0.05~0.06mm이니 평균 0.055mm라고 한다면 2,700~3,600배의 거리, 신장 170cm로 환산하면 4.5~6km 정도의 여정이 기다리고 있습니다. 보통 속도로 걸으면 1시간~1시간 반의 거리이지요. 의외로 짧다고 생각할지 모르겠습니다. 그러나 그 사이에 쭉 계속되는 가혹한 여정을 죽을힘을 다해 가야 한다면 어떨까요?

– 그렇게 가혹한가요?

네, 생명체의 몸은 밖에서 이물질이 들어오면 공격을 해서 죽이려고 합니다. 바이러스나 세균이 들어왔을 때 감염될 우려가 있기 때문입니다. 정자는 '생명의 씨앗'이라고는 해도 여성의 몸에게는 이물질입니다. 당연히 공격을 받습니다. 질 안으로 보내진 순간부터 3억 개의 정자들의 길고 험난한 여행이 시작되는 것입니다. 이물질인 정자가 침입해 오면 여성의 몸은 백혈구가 총동원되어 공격합니다. 바이러스나 세균이라면 이 이상의 침입을 허용해서는 안 되기 때문입니다. 강력한 공격에 3억 개의 정자 대부분이 죽어 버립니다.

그러나 정자들의 사명은 난자에 도달하는 것이지요. 정자들은 어떻게든 죽지 않기 위해 꼬리와 몸을 동그랗게 움츠리고 가혹한 환경에 익숙해지기를 기다립니다. 2~3분은 움직이지 않고 가만히 있습니다. 가까스로 익숙해졌을 때 움직이기 시작합니다.

그렇지만 움직이려고 하면 질의 벽은 주름처럼 되어 있어 이물질인 정자를 밖으로 내보내려고 합니다. 정자들은 몇 겹의 주름을 거슬러 올라가야 합니다. 아무리 긴 꼬리를 가지고 에너지원을 갖추고 있다고 해도 작은 정자가 진행하는 속도는 느려서 1cm 진행하는 데 꼬리를 1,000번 정도 흔들어야 합니다. 1분간 진행할 수 있는 거리는 대개 2~3mm, 1시간에 고작 2cm 정도입니다.

정자들은 문자 그대로 필사적으로 헤엄쳐서 백혈구를 피하고, 질의 주름이 밀어내는 것에 맞서 우여곡절을 겪으며 열심히 앞으로 나아갑니다. 게다가 질 안은 정자들에게는 힘든 산성입니다. 자궁의 입구에 도달할 수 있는 정자는 약 10만 개, 3억 개의 정자 중 겨우 3,000분의 1입니다.

– 자궁 속은 좀 편한가요?

아니요. 아직 시련이 기다리고 있습니다. 자궁 속에 들어간 정자는 넓은 자궁 속을 또 필사적으로 헤엄쳐 갑니다. 어느 쪽으로 가야 할지 모르기 때문에 이리저리 헤맵니다. 그래도 계속해서 헤엄칩니다. 운 좋게 자궁 속으로 들어갔다 해도 좌우 두 개의 난관 중 어느 쪽에서 난자가 기다리고 있는지도 모릅니다.

정자는 3일밖에 살지 못하기 때문에 난자가 없는 쪽으로 헤엄쳐 가면 아무리 강하고 멋지고 훌륭한 정자라도 생명이 될 수 없습니다. 난관을 목표로 한 정자 중에 운 좋게 난자가 있는 난관까지 도달할 수 있는 것은 약 100개입니다. 자궁 입구에 도달할 수 있었던 10만 개의 1,000분의 1, 질에 방출된 3억 개의 정자 중 겨우 300만분의 1입니다.

– 나머지 2억 9999만 9900개의 정자는 난자의 근처에도 못 가는군요

그렇습니다. 여기까지 올 수 있는 것은 건강하고 운도 좋은 정자들이지요. 여기까지 오면 거의 다 온 것입니다.

난관 속은 정자에게는 고마운 알칼리성이지만 난관도 주름으로 싸여 있습니다. 정자들은 열심히 헤엄쳐서 난자를 쫓아갑니다. 최종적으로 생명이 될 수 있는 것은 단 하나의 정자입니다. 어느 정자가 생명이 될지 판별하는 마지막 경주입니다.

100개의 정자들은 잇달아 난자가 있는 곳에 도달하지만 맨처음 도달한 정자가 생명이 되는 것은 아닙니다. 정자들은 차례차례 난자에 도달합니다. 여기서 이상한 일이 벌어집니다. 지금

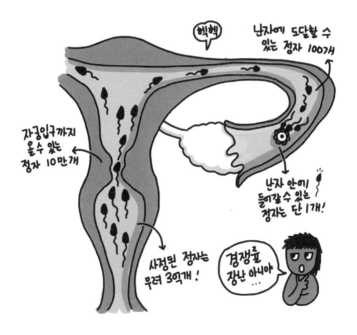

까지 피 말리는 경주로 서로 라이벌 관계였던 정자들이 난자에 도달한 순간 공동 작업을 시작하는 것입니다.

어떤 작업이냐면 난자를 싸고 있는 투명대를 모두가 힘을 합쳐 녹이고 과립막세포를 벗겨 내는 것입니다. 정자의 머리끝에 있는 효소는 이 일을 위한 것이었습니다. 그런데 하나의 정자가 가지고 있는 효소의 양만으로는 부족합니다. 여러 개의 정자의 효소를 사용해서 겨우 녹일 수 있습니다. 효소를 사용해 버린 정자는 죽습니다. 단 하나의 정자를 통과시키기 위해 먼저 도착한 정자들이 희생하는 것입니다. 모두가 힘을 합쳐 투명대를 다 녹였을 때 도달한 운 좋은 정자가 "고마워"라는 듯이 난자 안으로 들어갑니다.

― 어머나? 우연하게 정해진다고요?

그렇습니다. 우연히 그 순간에 도착한 정자가 생명이 되는 것입니다. 단 한 개의 정자가 난자 안으로 들어간 순간 새로운 막이 형성되어 나중에 오는 정자는 절대로 받아들이지 않습니다. 정자가 가진 효소로는 뚫을 수 없는 막이 생기는 것입니다. 난자 안에 들어간 정자는 꼬리는 이제 필요 없기 때문에 끊어지고 유전 정보를 가진 머리 부분만 난자의 핵을 향해 전진합니다. 그렇

태어난다는 것

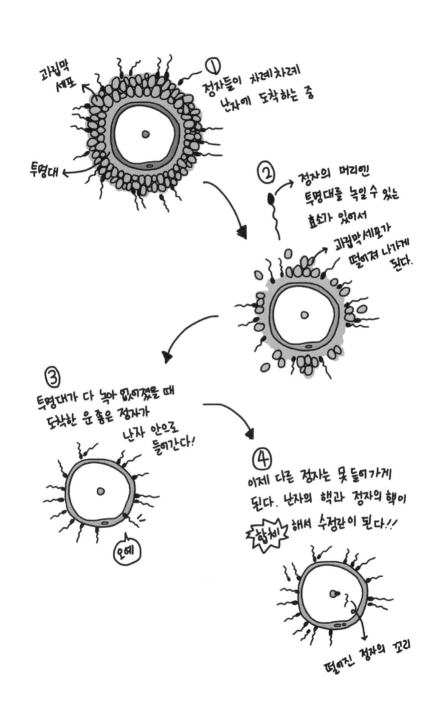

① 정자들이 차례차례 난자에 도착하는 중

과립막 세포

투명대

② 정자의 머리엔 투명대를 녹일 수 있는 효소가 있어서 과립막 세포가 떨어져 나가게 된다.

③ 투명대가 다 녹아 없어졌을 때 도착한 운 좋은 정자가 난자 안으로 들어간다!

오예

④ 이제 다른 정자는 못 들어가게 된다. 난자의 핵과 정자의 핵이 합체! 해서 수정란이 된다!!

떨어진 정자의 꼬리

게 해서 난자가 가진 엄마의 절반의 염색체와 정자가 가진 아빠의 절반의 염색체가 하나가 되어 인간의 염색체 수를 가진 하나의 핵이 됩니다. 이것이 생명의 시작입니다.

정자를 받아들인 난자는 천천히 빙그르르 돌기 시작합니다. 이 모습을 촬영한 영상을 볼 기회가 있었는데 눈물이 날 만큼 감동적이었습니다. 새로운 생명이 탄생하는 그 순간의 수정란의 엄숙한 움직임은 우주의 영상처럼 아름다웠습니다.

ㅡ 3억 개 중 한 개만 생명이 될 수 있다니 엄청난 생존 경쟁이네요

그렇습니다. 생명이 될 수 있는 것은 단 한 개뿐이지만 한 개만 있어서는 수정할 수 없습니다. 3억 개의 정자가 있어서 단 한 개가 수정할 수 있지요. 그것이 생명이 시작되기 위한 시스템입니다.

이렇게 해서 새로운 생명이 된 수정란은 회전하며 난관을 이동하고 세포 분열을 시작합니다. 자궁을 향해 이동하여 3일 정도면 자궁에 도착합니다. 그리고 7일째 될 무렵 자궁 안쪽 벽에 자리를 잡습니다. 이것을 착상이라고 합니다. 이때를 위해 자궁은 수정란이 착상하기 쉽도록 푹신푹신한 침대를 준비한 것입니다.

수정란이 세포 분열을 시작했을 때, 뭔가에 의해 두 개로 완전히 갈라지면 일란성 쌍둥이가 됩니다. 보통은 한 개 나오는 난자가 두 개 나와서 둘 다 수정되어 착상해서 자란 경우는 이란성 쌍둥이가 됩니다.

그러나 수정란이 모두 착상되는 것은 아닙니다. 10~20%의 수정란은 착상에 실패합니다. 난자나 정자에 뭔가 문제가 있을 경우에도 착상되지 않습니다. 생명으로 키워도 좋은 것이 자궁으로 들어가 잘 자리 잡았을 때 비로소 임신이 되는 겁니다.

물론 정자가 기를 쓰고 난관까지 갔더라도 난자가 기다리지 않거나, 난자는 있는데 정자가 도착하지 못하거나, 도착했다 하더라도 어느 정지도 난자 안에 들어가지 못하거나 하면 수정란이 되지 못하고 끝나 버리는 경우도 적지 않습니다.

— 생명이 되는 것이 이렇게 힘들군요

오로지 난자만 향해 가는 정자들이 불쌍하게 보이지요. 질 안으로 들어간 순간 꼬리를 말아 감고 참는 것부터 시작하여 가혹한 환경을 뚫고 헤엄쳐 가도 대부분이 백혈구에 의해 죽고 밖으로 내보내집니다. 그런 속을 정자들은 전진해 갑니다. 처음에 있던 3억 개가 그 수가 점점 줄어 마침내 난자가 기다리고 있는 난관에 들어간 정자 100개가 공동 작업을 하는 것도 멋지지요. 모두 힘을 합쳐 난자 주변의 투명대를 녹여 내지만 들어갈 수 있는 것은 단 하나. 생명이 될 수 있는 것은 3억 개의 정자들이 펼친 경주에서 승리한 단 하나. 강하고 운도 좋은 단 하나입니다.

이렇게 해서 태어날 만한 것이 태어났습니다. 그것이 여러분입니다. 엄마가 만드는 난자 중의 그 난자, 아빠가 만드는 방대한 정자 중의 그 정자가 만나서 여러분이라는 생명이 태어난 것입니다. 그것은 3억 개의 정자의 경주 이상으로 엄청난 확률이었던 것입니다.

여러분이라는 생명이 되는 난자와 정자가 만나는 확률이 어느 정도인지 계산해 봅시다.

엄마가 난자를 만드는 것은 1개월에 한 개, 11살부터 50살까지 계속 만든다고 하면 난자의 수는 1년에 12개×40년=480개입니다. 게다가 난소에는 난자의 씨가 되는 것이 수십 만 개 준비되어 있는데, 그중에서 가장 성숙하고 좋은 난자가 한 달에 단 한 개 난소에서 난관으로 보내지기 때문에, 난자가 될 수 있는 것은 매우 극소수입니다.

아빠는 대개 60년간 정자를 만들기 때문에 정자의 수는 1일 1억 개×365일×60년=2조 1900억 개입니다. 물론 실제는 이렇게 단순하지 않지만 여기서는 둘을 같이 곱해 봅시다.

480×2조 1900억=1051조 2000억

아기가 태어날 수 있는 가능성이 이만큼 많은 가운데 여러분이 태어난 것입니다. 여러분의 생명이 시작된 그 성교 때 아주 미세한 차이로 다른 정자가 난자에 들어갔다면 여러분과는 다른 사람이 되어 있겠지요.

여러분은 1051조 2000억분의 1의 확률로 하나의 생명이 된 것입니다. 한 쌍의 커플에서 똑같은 유전자 정보를 가진 아이가 다시 태어날 확률은 70조분의 1 정도라고 합니다. 넓은 사막에서 모래알 하나를 찾는 것과 같지요. 있을 수 없습니다.

– 1051조 2000억분의 1의 확률로 태어났다는 거지요?

그렇습니다. 여러분이 태어났다는 것은 이토록 소중한 것입니다. 그런데 아기를 갖고 싶어 하는 커플도 여러 가지 이유로 임신할 수 없는 경우가 있습니다. 오늘날에는 생명의 탄생(난자와 정자의 만남)을 돕는 의료 기술이 발달해서 배란을 유도하거나 수정하기 쉽도록 정자를 자궁 속까지 넣는 '인공 수정'이나, 몸 밖에서 난자와 정자를 수정시키는 '체외 수정'이 행해지고 있습니다.

그러나 의료 기술이 할 수 있는 것은 생명의 탄생을 도와주는 것뿐입니다. 예를 들어 '체외 수정'의 성공률은 20% 정도로 낮고, 여러 번 시도해도 착상되지 않는 경우도 많습니다. 또 아기로 태어나기 위해서는 어머니의 배 속에서 자라야만 합니다.

분명한 것은 여러분도 저도 여러분의 부모님, 형제, 친구, 그리고 이 세상에 살아 있는 사람은 누구나 모두, 한 사람도 예외 없이 0.1mm 수정란부터 시작했다는 사실입니다. 단 하나의 세포에서 태어나서 지금의 여러분과 제가 살고 있다는 사실, 지금 여기에 살아 있는 것은 엄청난 일입니다.

제가 이것을 수업에서 이야기하면 학생들은 이구동성으로 자신의 존재를 "기적이다"라고 표현합니다. 그보다 적합한 말을 찾기 힘들 정도로 지금을 살고 있는 우리들은 모두 '기적적'인 존재입니다.

태어난다는 것

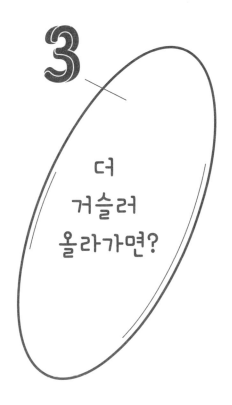

3

더
거슬러
올라가면?

– 엄마의 난자와 아빠의 정자를 더 거슬러 올라갈
수 있나요?

여러분의 생명의 시작은 한 개의 수정란이었습니다! 거기에는
엄마의 난자와 아빠의 정자가 필요해서 양쪽 부모님이 없으면
안 되었습니다. 게다가 부모님도 각각 부모님이 필요하지요. 여
러분의 탄생에서 할아버지, 할머니까지 거슬러 올라가기만 해도

6명이 관련된 것을 알 수 있습니다. 할아버지, 할머니의 부모님을 포함하면 14명, 그 위의 부모님을 포함하면 30명, 그 윗세대까지 포함하면 62명, 그다음은 126명. 6대까지 거슬러 올라갔을 뿐인데 이렇게 많은 사람들이 관련되어 있습니다. 그중에서 한 사람만 빠져도 여러분은 태어나지 못했습니다.

계속 거슬러 올라가 봅시다. 인류 역사에서 가장 오래된 시대인 구석기 시대가 나오겠죠. 6대에서 126명이었으니 거기까지 거슬러 올라가면 몇 명이 될지 짐작할 수도 없습니다. 천문학적인 숫자의 사람들이 존재해서 여러분의 생명이 지금 여기에 있는 것만은 분명합니다.

– 머리가 혼란스럽네요

네, 혼란스러운 이야기입니다. 그렇지만 잘 생각해 보세요. 인류의 시작까지 거슬러 올라간다 해서 느닷없이 인류가 나타나지는 않습니다. 여러분의 생명을 좀 더 면밀히 거슬러 올라가게 되면 생명 진화의 역사를 만나게 됩니다.

그럼 진화의 역사를 거슬러 올라가 봅시다. 현재의 인간(호모 사피엔스)이 등장한 것은 대략 5만 년 전, 두 다리로 보행하던 오스트랄로피테쿠스가 등장한 것은 370만~100만 년 전이라고 알려져 있습니다(최근의 연구에서는 500만 년보다 더 전일 수도 있다는 학설도 있습니다). 인간이 속한 영장류가 등장한 것은 6000만~5000만 년 전입니다. 여러분으로 이어지게 된 생명은 이 무렵 나무 위를 건너다니고 있었습니다. 나뭇가지의 모양을 구별하고 양식이 될 나무 열매가 익었는지 색깔로 판단해야 해서 원숭이는 시각이 발달하게 됐을 겁니다.

2억 3000만 년 전부터 6500만 년 전까지는 공룡이 번성하던 시대였습니다. 포유류가 등장한 것은 2억 2500만 년 전. 여러분과 연결되는 생물은 이 시대에는 힘이 약한 생물로, 공룡의 발밑에서 필사적으로 살고 있었을 겁니다. 그러나 그 포유류도 갑자기 태어난 것은 아닙니다. 양서류, 파충류, 어류로 계속 거슬러 올라갑니다.

5억 년 전인 캄브리아기에는 생명이 다양하게, 게다가 빠르게 진화할 수 있게 되어 생명은 다채로운 디자인을 시도하듯 여러 가지 생명체로 존재했습니다. 이 무렵 지구의 왕자라 할 만한 아노말로카리스라는 생물은 흥미롭습니다. 60cm~2m나 되는 거대한 몸으로 삼엽충 등 다른 생물을 잡아먹고 살았습니다. 그럼 이 시대에 여러분과 연결되는 생물은 무엇일까요? 몸길이 5cm 정도의 피카이아라는 작은 달팽이 같은 생물입니다. 피카이아가 아노말로카리스에게 들키면 큰일입니다. 피카이아는 등에 한 줄의 뼈 같은 것이 있어서 잽싸게 몸을 움츠려서 도망가는 기술로 살아남았습니다. 아노말로카리스는 마침내 멸종되고 말았지만 피카이아라는 약한 생물이 등뼈를 가진 동물로서 그 후 진화를 거듭하게 되었습니다.

10억 년 전에는 다세포 생물이 등장합니다. 그때까지의 생물은 모두 단세포였습니다. 많은 세포로 이루어진 생물은 세포들에 의해 역할 분담이 진행됩니다. 60조 개나 되는 세포로 이루어진 여러분의 몸의 구조는 여기서부터 시작된 것입니다.

여기에서 10억 년을 더 거슬러 올라간 20억 년 전, 단세포 생물 중에 핵을 가진 진핵생물이 등장합니다. 여러분의 세포 한 개 한 개는 핵 안에 염색체가 들어 있어서 미토콘드리아(정자도 에너지원으로 갖고 있었지요)도 가지고 있는데, 그 세포의 구조는 이 무렵에 생긴 것입니다.

더 거슬러 올라가기를 15억 년, 지금부터 35억 년 전에 단순한 구조의 세포(원핵 세포) 한 개로 이루어진 단세포 원핵생물(박테리아 등)이 등장합니다.

그보다 더 이전, 38억 년 전에 생명이 등장했다고 합니다. 잘 모르겠지만 바닷속에서 몇 개의 원소가 결합해 DNA를 만들었다고 합니다. 가장 최초로 등장한 생명은 아주 적은 물질과 에너지를 흡수해 생명 유지와 자기 증식에 사용하는 것이 전부여

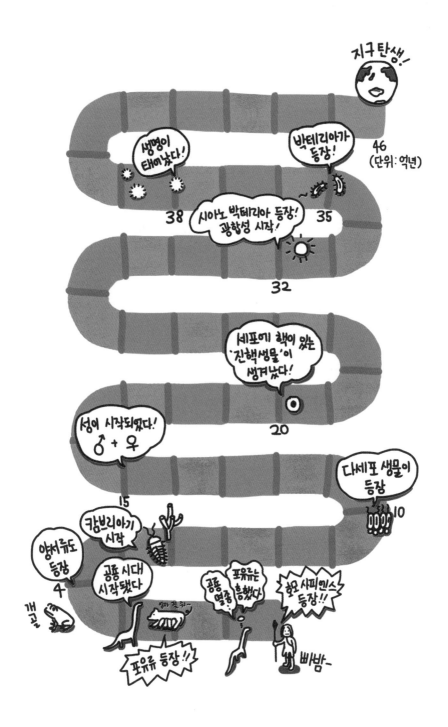

서 매우 단순했다고 합니다.

이 이상은 거슬러 올라갈 수 없습니다. 여기가 시작입니다. 여러분으로 이어지게 된 생명은 38억 년 전에 태어났고, 그 후 길고 긴 세대를 거쳐 지금의 여러분까지 이어졌습니다.

– 38억 년 전 생명의 탄생이 나의 생명의 시작인가요?

그렇습니다. 지금 살아 있는 생물체는 모두 어느 날 갑자기 나타난 것이 아닙니다. 모두 원시의 생명에서 출발했습니다. 여러분의 생명은 십 수 년 전에 시작되었지만 원시의 생명은 오랫동안 이어져 내려왔습니다. 현기증이 날 만큼 많은 생명들이 열심히 살아온 역사 속에 존재하는 것입니다. 그리고 우리의 DNA는 그것들을 모두 기억하고 있습니다. 그래서 태어나기 전에 그 역사를 반복합니다.

지구가 탄생한 것은 46억 년 전이라고 하니 생명이 탄생하기까지 8억 년 걸렸습니다. 그리고 생명이 탄생하고 난 후의 긴 역사 속에서 인간이 등장한 것은 지극히 최근의 일입니다. 여러분의 생명이 걸어온 38억 년 동안 지구 환경은 몇 번이나 크게 변화하고, 많은 생물들이 태어났다가 멸종되었습니다. 여러분이 지금 살아 있는 것은 여러분에게 연결되는 생명들이 여러 위기를 그때그때 극복하고 살아남았기 때문입니다. 환경에 적응한 것만이 아니고 많은 우연의 혜택도 입었습니다. 그 역사를 보면 정말 우리가 지금 이렇게 살아 있는 것이 불가사의하게 생각됩니다.

간단히 이야기하지요. 32억 년 전, 핵을 갖지 않은 단세포 생물(원핵생물) 중에 시아노박테리아라는 세균이 등장합니다. 이 세균은 태양광의 힘을 빌려 대기 중의 이산화탄소를 흡수해 탄수화물을 만들고, 산소를 대기 중에 방출했습니다. 그렇습니다. 광합성을 시작한 것입니다. 시아노박테리아가 몇 억 년이나 광합성을 계속해서 현재와 같이 대기 중에 산소가 21% 포함되었습니다.

지금 우리는 산소가 없으면 살아갈 수 없지만 산소는 다른 물질을 산화시키는 힘이 강해서 세포 안의 물질을 산화시켜 버립니다. 산소는 원래 생물에게는 유해한 것이었습니다. 그렇지만 시아노박테리아의 역할로 대기 중에는 점점 산소가 증가합니다. 그때까지 주류였던 산소를 싫어하는 생물들은 바다밑으로 도망갔습니다. 그래서 등장한 것이 원핵생물인 미토콘드리아입니다. 미토콘드리아는 산소를 흡수해 에너지로 만드는 능력을 갖고 있었습니다.

우리 선조였던 원핵생물은 미토콘드리아를 흡수해 공생하기 시작합니다. 핵을 가진 진핵생물의 탄생입니다. 여러분의 세포 하나하나에 있는 미토콘드리아는 이때 흡수된 다른 생명의 후손입니다. 여러분과 연결되는 생명은 이렇게 해서 생명 유지에 필요한 에너지를 산소를 이용해 효율적으로 사용할 수 있게 된 것입니다.

- 와! 뭔가 굉장하군요

다른 생명이 획득한 능력을 또 다른 생물이 흡수해 획득한다니 굉장하지요. 산소가 증가한 위기를 오히려 유리한 상황으로 만들었으니까요. 그렇지만 위기는 이때만이 아니었습니다. 다양한 생물이 출현한 캄브리아기 이후, 생물 종들이 대량으로 멸종된 때가 다섯 번이나 있었습니다. 대멸종이 일어나면 번성하는 생물이 바뀌게 됩니다.

첫 번째인 4억 4천만 년 전에 일어난 대멸종에서는 해수면의 저하와 상승이 일어나 생물의 주역이었던 삼엽충 등 대부분이 멸종되었습니다. 세 번째인 2억 5천만 년 전의 대멸종 때에는 산소 농도가 급격히 저하해서 96%의 생물 종이 멸종되고, 산소를 효율적으로 흡수하는 구조를 갖고 있는 공룡들이 번성했습니다. 그 공룡도 6500만 년 전에 일어난 다섯 번째 대멸종으로 모습이 사라졌습니다. 이때 급격한 온난화 후의 한랭화가 일어났습니다. 우리들의 선조인 포유류가 살아남을 수 있었던 것은 체온을 일정하게 유지할 수 있었기 때문이라고 알려져 있습니다. 그리고 극한의 상황에서도 우리 조상들은 동면이라는 수단으로 이 어려움을 극복했다고 합니다. 그것을 기회로 포유류가 번창하는 시대가 시작되었습니다.

우리 조상들은 약한 생물체였을 때도 필사적으로 살아남았습니다. 38억 년 전에 생명이 탄생하고 나서 여러분이 탄생하기까지 한 번도 끊어지는 일 없이 살아남아 자손을 남긴 결과 여러분이 살아 있는 것입니다. 이것은 말하자면 생명의 종적인 연결입니다.

또 하나, 여러분이 생명에 대해 생각하면서 놓쳐서는 안 되는 것이 있습니다. 바로 여러분은 혼자서 살아가는 존재가 아니라는 점입니다. 말하자면 생명끼리의 수평적인 연결 속에서 살고 있는 것입니다.

― 수평적인 연결이라고요?

음식으로 생각해 봅시다. 여러분은 오늘 무엇을 먹었습니까? 오늘 먹은 음식의 재료들을 모두 목록으로 작성해 보세요. 재료의 일람표가 완성되면 생명이 있는 것과 없는 것으로 나눠 보세요. 예를 들어 카레라이스를 생각해 봅시다.

재료

고기 – 닭, 소, 돼지 등을 죽여서 고기로 만들었으니 생명이 있는 것이지요.

감자, 당근, 양파 – 식물도 생명이 있는 것이지요.

고형 카레 – ?

기름 – 식용유는 대두가 원료이므로 생명이 있는 것입니다(콩기름, 참기름, 올리브유 등 식용유는 모두 식물이 원료입니다). 버터는 우유가 원료이기 때문에 물론 생명이 있는 것입니다.

물 – 생명이 아니지요.

고형 카레는 보기만 해서는 모르겠지만 시중에 판매하는 것의 원재료(첨가물은 여기서는 생각하지 않겠습니다)는 밀가루, 유지(식물유나 버터 등), 향신료(고춧가루나 후추, 강황, 허브 등), 설탕(사탕수수, 사탕무 등으로 만들어집니다), 소금 등입니다. 소금 이외에는 모두 식물로 만들어집니다.

그럼 소금은? 소금은 바닷물에서 염분(염화나트륨)을 추출합니다(유럽이나 미 대륙에서는 원래는 바다였던 지층에서 암염을 채취하는 경우도 있습니다). 이것은 살아 있는 것은 아니지요. 이렇게 보면 카레라 이스의 재료 중에 생명이 아닌 것은 소금과 물뿐입니다.

— 소스나 조미료는요?

우스터소스는 양파, 당근, 마늘, 토마토 등의 야채에 향신료, 식초(곡물이나 과일로 만듭니다), 소금, 설탕 등을 넣어 끓여서 숙성시켜 만듭니다. 간장은 대두, 밀, 소금을 누룩곰팡이(물론 살아 있습니다) 등을 사용해 발효시켜서 만듭니다. 역시 소금과 물 이외의 원료는 생명이 있는 것입니다.

여러분이 먹는 생명은 여러분과 마찬가지로 38억 년간 쭉 이어져 온 생명입니다. 어떤 생물도 예외 없이 다른 생물(동물이나 식물만이 아니라 세균이나 균들)과 이어져서 살고 있습니다. 누구도 다른 생물과 관련 없이 살아갈 수는 없습니다.

같은 장소에 사는 생물이 만드는 환경을 생태계라고 하는데, 생태계에서는 다양한 생물이 다양하게 서로 관계를 맺고 있습니다. 풀이나 나뭇잎, 나무 열매는 곤충이나 토끼, 말이나 소 등의 초식 동물이나 새의 먹이가 됩니다. 곤충이나 토끼 등의 작은 동물이나 새는 여우, 늑대, 사자 등의 육식 동물과 매, 독수리 등 맹금류에게 잡아먹힙니다. 그리고 최종 포식자인 육식 동물의 똥이나 사체도 다른 생물의 똥이나 사체와 마찬가지로 미생물에 의해 분해되어 땅으로 돌아가 식물의 양분이 됩니다. 이렇게 생태계에서는 생물체를 유지하는 물질이 순환합니다.

인간은 똥도 화장실로 흘려보내고, 죽으면 화장하기 때문에 먹기만 하고 다른 생물체에는 도움이 되지 않는 것 같지요? 오늘날 사람의 똥이나 시체는 직접적으로 다른 생물체에게 영향을 주지 못하게 되었지만 수십 년 전까지는 생태계 순환 사슬에 들어 있었습니다. 예전에는 관에 넣은 시체를 땅에 묻는 매장이 일반적이어서 우리 인간의 몸도 그 자리에서 흙으로 돌아갔습니다. 또 농가에서는 인분을 모아서 밭에다 비료로 사용했습니다.

- 그 야채를 먹었나요?

물론입니다. 더럽다고 생각하나요? 잘 분해되었기 때문에 괜찮습니다. 유기 농법에서는 이 순환을 이용해 닭이나 말, 소 등의 가축의 똥을 발효시켜 비료로 사용합니다. 이렇게 빙글빙글 순환하는 것이 생물의 세계이고 지구 환경입니다. 먹고 먹히는 관계만이 아닙니다.

생물을 유지하는 데 필요하고 가장 중요한 원소인 탄소도 순환합니다. 분해된 똥이나 사체에서 탄소는 땅으로 돌아갑니다.

그 탄소를 흡수한 식물은 대기 중의 이산화탄소를 흡수해 태양 빛으로 광합성을 하고 탄수화물을 만들어 산소를 내보냅니다. 그 잎을 먹은 동물은 숨을 쉬면서 이산화탄소를 대기 중으로 되돌립니다. 식물도 밤에 호흡하기 때문에 이산화탄소를 대기로 돌려보냅니다. 생물들의 사체가 퇴적되어 만들어진 석탄이나 석유를 태우면 몇 백만 년이나 축적되어 있던 탄소가 대기 중에 방출됩니다.

물도 바다와 땅 위에서 증발해 구름이 되고, 비가 되어 땅 위에 내린 물을 식물이나 동물이 몸에 흡수했다가 내보낸 것이 다시 바다로 되돌아갑니다.

인간의 생명은 38억 년간 쭉 이어져 왔지만 몸은 지구 환경을 빙글빙글 순환하는 물질로 이루어져 있습니다. 여러분의 생명은 시간적인 수직적 연결과 지구 환경이라는 수평적 연결 속에 있습니다.

그런데 인간은 다른 생물과는 달리 맘만 먹으면 스스로를 죽일 수도 있습니다. 실제로 많은 사람들이 자살을 합니다. 마치 내 생명이니 내가 죽여도 된다는 듯이 행동합니다. 우리는 언제부턴가 자신의 생명은 자기 것이라고 생각하는 것 같습니다.

대기

석탄이나
석유를 태워
에너지를 얻는
공장

식물

동물

배설물

사체

석탄   석유

– 내 생명은 내 것이 아닌가요?

지금까지 본 것처럼 장대한 연결 속에 생명이 있는데, 그것을 자기 것이라고 할 수 있을까요? 저는 그렇게 생각하지 않습니다.

죽음에 대해 생각해 봅시다. 우리는 생명으로 태어나 마침내 죽습니다. 누구도 죽지 않는 사람은 없습니다. 동물이나 식물도 태어나고 죽는 것을 반복합니다. 생명은 언젠가는 죽습니다. 그런데 박테리아처럼 분열해서 생명을 계속해서 만들어 가는 생물들, 자신의 일부를 계속 증식시키는 방법으로 사는 생물들은 살아 있는 환경이 결정적으로 변하지 않는 한 계속해서 생명을 갱신합니다. 어떤 의미에서 죽지 않는 존재라는 것을 알았을 때 저는 놀랐습니다.

그럼 우리가 죽는 것은 왜인가, 그것을 생각했을 때 '성(性)'에 다다랐습니다. '성'이라는 시스템은 암컷과 수컷으로부터 다른 유전자를 받아서 다음 세대의 생명을 만드는 것이기 때문에 자신과는 조금 다른 자손을 남길 수 있습니다. 그에 따라 진화의 속도가 극적으로 빨라지고 다양하게 진화할 수 있게 되었습니다. 전체로서 생명이 살아남는 확률을 높이는 대신 자손을 남기면 부모라는 개체는 죽는 시스템입니다. 즉 이때부터 개체로서의 생명에는 '수명'이라는 것이 함께하게 된 것입니다.

38억 년이나 길고 긴 생명의 역사를 쓴 DNA 편지를 소중히 다음 세대에게 넘기기 위해서는 같은 하나의 개체가 계속 살아 있기보다는 다른 개체와 서로 협력해서 다음 세대로 넘겨주는 쪽이 훨씬 훌륭한 방법이겠지요. 그렇다면 한 개체의 죽음은 슬플 수밖에 없지만 생명 전체로 보았을 때는 새로운 출발점이 되는 것은 아닐까요? 여러분에게 이어지는 생명은 개개인으로 끝나지 않고, 다른 사람과 서로 협력함으로써 다음 세대로 이어져 계속 살아남는 거라고 할 수 있을 것입니다. 뭔가 멋지지 않나요?

앞에서 저는 인생에서 최대의 드라마 중 하나는 '탄생'이고, 또 하나는 '죽음'이라고 했습니다. 사람은 일생에서 단 한 번밖에 죽을 수 없습니다. '어떻게 죽을 것인가?' 하고 죽음을 생각하는 것은 '어떻게 살 것인가?'를 생각하는 것과 직결되어 있습니다. 시간적, 공간적으로 많은 생명의 무리들 덕분에 지금을 살고 있는 것이라면, 저는 죽음의 순간까지 생명으로서 보다 나은 삶을 살고 싶습니다. 그것이 새로운 생명의 출발로 연결되기 때문이지요.

여러분의 생명은 여러분만의 것이 아닙니다. 사람은 모두, 아니 생명이 있는 것은 모두 우주적인 존재입니다.

- 우주적? 너무 추상적이어서 어려워요

그럼 다른 측면에서 이야기해 봅시다.

여러분이라는 '개체'를 이루고 있는 것은 60조 개의 세포입니다. 그 세포는 모두 137억 년 전 우주 탄생 때 폭발한 지름 0.0000000000000001mm보다 더 작은 불꽃 조각에서부터 생겨난 것으로 밝혀졌습니다. 이 작디작은 불꽃 조각을 과학자들은 쿼크라고 부릅니다. 여러분은 이 쿼크로부터 생겨났습니다. 그리고 여러분이 죽은 다음 그 쿼크는 또 다른 새로운 생명에 흡수되어 갑니다. 여러분만이 아닙니다. 지구상의 모든 생명, 아니 우주에 존재하는 별까지도 이 쿼크로부터 생겨난다고 합니다. 생명 과학자 야나기사와 게이코 씨는 이렇게 말합니다.

많은 생명의 흐름 속에서 여러분은 대체 무엇일까요? 별 조각에서 태어나, 별 조각을 먹고 살아가는 여러분. 우주 안에서 모든 생명은 여러 색의 실로 짜인 한 장의 헝겊 같은 것이 아닐까요?

– 별 조각에서 태어나 별 조각을 먹는다? 점점 더
모르겠어요

그럴 수도 있겠네요. 그럼 우주 과학자 칼 세이건과 그의 부
인인 앤 드루얀이 함께 쓴 책『혜성』에 나오는 다음의 내용을
소개하겠습니다.

성(性)을 영위하는 생물은 죽도록 '설계'되어 있다. 죽음은 정해
진 것이다. 한계나 허무함 같은 것을 느끼게 하는 것이면서, 동시
에 죽음은 우리들을 살게 하기 위해 죽어 간 많은 선조들에게로
이어 주는 애틋한 기억이기도 하다.

어떤가요? 여러분의 생명은 여러분이라는 개체만의 것이 아
닌, 우주적인 존재라는 생각이 들지 않습니까?
이 책의 첫 부분에서 인간은 옛날부터 삶과 죽음에 대한 여
러 이야기나 신앙을 전하고 있다고 말했습니다. 저는 요즘 그 이
야기가 과학자들이 과학적인 방법으로 찾아낸 사실과 너무나도
딱 맞아떨어져서 놀랐습니다.
예를 들어 아이누(일본 홋카이도에 사는 선주민) 사람들은 식물,
동물, 불, 강 등 주변 모든 것에 신이 깃들어 있다고 하여, 모든

태어난다는 것

것에 감사하고 소중히 여겼습니다. 그들이 죽인 곰의 영혼을 잘 보내는 의식은 유명한데, 그런 큰 것만이 아닙니다. 냄비나 그릇 등이 깨졌을 때에도 조나 수수 등의 제물을 놓는 제단 옆에 깨진 조각들을 함께 놓는다고 합니다. 그것은 물건이 역할을 마쳤을 때 그 혼을 저승으로 보내는 감사의 의식입니다. 이 세상에 어떤 식으로든 역할을 맡아 하늘에서 내려왔지만 죽을 때는 똑같이 저 세상으로 돌아간다, 즉 모든 것은 저승과 이승 사이를 순환하고 있는 것이라고 생각하는 것입니다. 아이누의 옛말에는 '역할 없이 하늘에서 내려온 것은 하나도 없다'는 말이 있습니다.

또 미국에서 먼저 살았던 선주민들은 '써클'이라는 사상을 갖고 있다고 합니다. 모든 것이 써클(원)의 일부로 돌고 돌아서 시작도 끝도 없습니다. 그렇기 때문에 내가 살아 있는 것은 지금만이 아니고 먼 과거와도, 또 미래의 아이들과도 연결되어 있다고 생각합니다. 그러므로 지금을 사는 모든 것, 동물, 식물, 자연과 이어져 있는 것을 느끼고 그 가르침에 조용히 귀를 기울인다고 합니다.

비슷하지 않습니까? 그렇습니다. 생명이 나만의 것이 아니고, 지금만의 것도 아니고, 연결되어 있다는 인식, 이것은 바로 현대 과학이 도달한 모든 것은 쿼크로부터 생겨났다는 결론과 통하는 것이 아닐까요?

'원시적', '비과학적' 혹은 '야만'이라고 하며 선주민을 멸시하고 정복해 온 근대라는 것에 의문을 품는 사람도 많아졌습니다. 오히려 거기서부터 적극적으로 배우려는 사람들도 있습니다. 차별받아 온 사람들이 자신들의 민족, 문화에 긍지를 가지고 다음 세대로 계승시켜 가려는 노력도 생겨나고 있습니다. 그들은 '과학하는' 방법과는 전혀 다른 방법으로 진실을 '느끼는' 것이 가능할지도 모르겠습니다.

자연과 함께 사는 사람들의 지혜의 깊이에 저는 경외의 마음을 갖습니다. 인간만이 이 세상에 군림하고 지구나 다른 생물을 욕심껏 사용해도 되는 것이 아닙니다. 우리들 한 사람 한 사람의 생명도 우주 안의 모든 것과 마찬가지로 원 안의 일부라는 것을 여러분도 잊지 않기를 바랍니다.

태어난다는 것

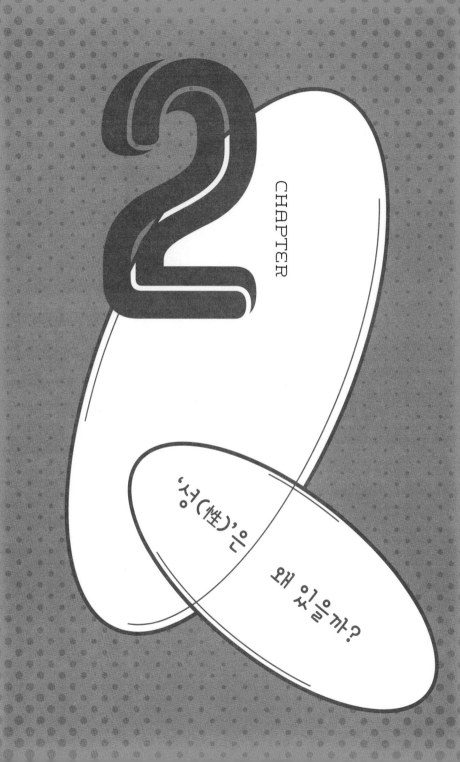

2

CHAPTER

'성(性)'은 왜 있을까?

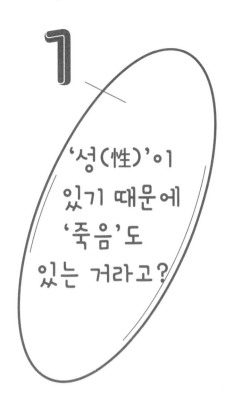

‘성(性)’이
있기 때문에
‘죽음’도
있는 거라고?

– ‘성(性)’과 ‘죽음’은 어떤 관계인데요?

지구상에서 생명이 최초로 탄생한 무렵에는 어떤 생명에도
‘성’의 구분이 없었습니다. ‘성’을 가진 유성(有性) 생물은 진화 과
정에서 등장한 것입니다. 그럼 유성 생물은 어떻게 등장하게 되
었을까요? 순서대로 보겠습니다.

유성 생물이란 ‘유성 생식’으로 번식하는 생물, 즉 ‘성’의 구분

이 있는 생물입니다. 유성 생식이란 인간의 경우에서 본 것처럼 수컷(남성)과 암컷(여성)이 각각 자신의 유전 정보의 절반을 가진 정자와 난자('배우자'라고 합니다)를 만들고, 그것이 융합하여 다음 생명이 시작되는 번식 방법입니다.

그럼 어떤 생물이 유성 생식을 할까요? 우리들 포유류는 인간도 개도 고양이도 돼지도 쥐도 말도 코끼리도, 바다에 사는 고래나 돌고래까지도 모두 수컷과 암컷이 교미(인간은 '성교')를 해서 암컷이 새끼를 낳는 유성 생식을 합니다.

비둘기나 닭, 독수리, 펭귄 등의 조류는 알에서 태어나지만 수컷과 암컷이 교미해서 암컷이 알을 낳는 유성 생식을 합니다. 뱀이나 도마뱀, 거북이 등의 파충류도 같습니다.

곤충들도 교미를 해서 암컷이 알을 낳습니다.

개구리나 도롱뇽 등의 양서류는 암컷이 낳은 알에 수컷이 정자를 뿌려서 수정시킵니다. 어류도 같은 방법으로 유성 생식을 합니다.

동물만이 아닙니다. 식물에도 수술과 암술이 있어서 수술에서 나온 꽃가루가 암술에 붙으면 화분관이라 불리는 가느다란 관이 자라게 됩니다. 정세포(정자)가 화분관을 따라 배낭 안에 있는 난세포(난자)에 도달(수정)하여 씨가 생깁니다.

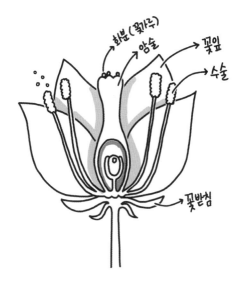

화분(꽃가루)

암술

꽃잎

수술

꽃받침

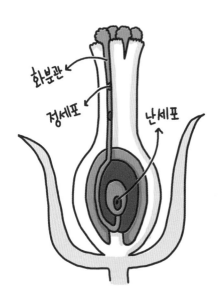

화분관

정세포

난세포

– 생물은 대부분 유성 생식이군요

다양한 생물이 유성 생식을 하고 특히 우리에게 친숙한 생물은 대부분 유성 생식을 합니다. 그들은 복잡한 구조를 가진 생물입니다. 수정을 위한 과정도 특별한 호르몬을 분비해 상대를 유인하거나, 상대를 차지하기 위해 수컷끼리 싸우거나, 암컷에게 잘 보이기 위해 화려한 깃털을 펼치거나, 아름다운 소리로 울거나 합니다. 움직일 수 없는 식물은 정자(꽃가루)를 이동시키기 위해 벌레들을 꿀로 유인하기도 합니다. 매우 복잡하고 힘들어 보입니다.

때로는 생식은 목숨을 거는 일이 됩니다. 날개를 펼치다가 천적에게 들키기도 하고, 사마귀의 수컷은 교미 후에 암컷의 시야 안에서 움직여서 잡아먹히기도 합니다. 이런 위험을 감수하면서까지 생식을 합니다.

왜 생물들은 이렇게 복잡하고 때로는 위험하기도 한 유성 생식을 하는 것일까요? 대체 언제쯤부터 유성 생식을 하게 된 것일까요? 생명의 역사를 살펴보면 생물이 유성 생식을 하게 된 것은 지금부터 15억 년 전입니다. 그 무렵 단세포 생물 중에 배우자를 만들어 서로 유전 물질을 교환하여 번식하는 방법, 즉 유성 생식을 하는 생물이 나타났습니다. 많은 세포로 이루어진 복잡한 구조를 가진 생물들이 등장한 것은 5억 년 정도 전의 일입니다.

35억 년 전에 박테리아가 등장하고부터 20억 년이나 되는 오랜 세월 동안, 바닷속에 있었던 것은 무성 생식으로 번식하는 무성 생물뿐이었습니다.

― 생명 역사의 절반 이상은 무성 생식뿐이었군요!

그렇습니다. 유성 생식은 비교적 새로운 것입니다. 오랫동안 생명이 번식해 온 무성 생식은 한 마리의 개체가 둘로 나뉘거나(분열), 몸의 일부가 나뉘어 또 한 마리의 개체가 되거나(발아) 하는 방법입니다. 자신과 같은 유전 정보를 가진 동질의 개체를 늘리고, 한 마리의 개체로 생식할 수 있는 것이 큰 강점입니다.

그에 반해 유성 생식의 경우는 수컷과 암컷 각각 자신의 유전 정보의 절반을 가진 배우자(정자 또는 난자)를 만들어 그것이 융합하여 하나가 되기 때문에 생식에는 두 마리가 필요하고 자녀의 유전 정보는 부모의 어느 쪽과도 다릅니다. 또 생식에 두 마리가 필요하다는 것은 별개로 살고 있던 두 마리의 수컷과 암컷이 각각의 배우자로 만나야 합니다. 바닷속에서는 상당히 난이도가 높겠지요.

생식 방법으로 볼 때 유성 생식은 낭비가 많은 것 같습니다. 왜 이런 생식 구조를 가진 것이 나타났을까요? 개체 수를 늘리는 것이라면 무성 생식이 손쉽고 효율적입니다. 게다가 유성 생식의 경우 한 마리의 개체가 아무리 주변 환경에 적합한 유전 정보를 가지고 있어도 그 유전 정보는 해당 개체에만 사용할 수 있습니다. 자녀에게는 조금 다른 유전 정보밖에 남길 수 없습니다. 안정된 환경에 살고 있는 경우에는 오히려 불리해집니다. 그럼에도 불구하고 자신의 복사판이 아니고 조금 다른 유전자를 자녀에게 남기는 것은 왜일까요?

이 질문에 대해 생물학자들은 바이러스나 세균 등으로부터 몸을 지키기 위해서라고 생각했습니다. 바이러스나 세균은 생물의 체내에 침입하여 병의 원인이 됩니다. 태고에 바다에 살던 단세포 생물들도 바이러스나 세균의 공격을 받았습니다. 바이러스나 세균이 생물의 몸 안에 침투하기 위해서는 그 생물의 방어 체제를 간파해야 합니다. 즉 열쇠 구멍을 잘 보고 열쇠를 만드는 것과 같은 이치입니다. 일단 열쇠가 완성되면 무성 생물의 경우 자녀는 부모의 복사이기 때문에 세균이 모든 개체에 침입할 수 있습니다. 생물 측에서 보면 그렇게 되면 큰일입니다. 생식 때마다 몸을 다르게 만들면(열쇠 구멍) 부모는 막을 수 없었던 공격을 자녀는 막을 수 있습니다. 또 바이러스나 세균은 한 종류가 아닙니다. 늘 새로운 것이 공격해 옵니다.

– 신형인플루엔자 같은 건가요?

그렇습니다. 바이러스나 세균은 계속해서 형태를 바꾸기 때문에 같은 방어 체제로는 신형의 공격을 막을 수 없습니다. 방어 체제도 늘 새롭게 할 필요가 있습니다. 이러한 이유에서 생물은 계속 생존하기 위해 항상 형태를 조금씩 바꾸는 방법, 즉 유성 생식을 하게 된 것이라는 가설이 세워졌습니다.

이 방법을 획득한 생물들은 그 후 긴 생명의 역사 속에서도 유리했다고 상상할 수 있습니다. 생물을 둘러싼 환경은 더워지거나 추워지거나, 갑자기 물에 젖거나 말라비틀어지는 등 다양하게 변화합니다. 살아남기 위해서는 환경 변화에 대응할 수 있어야 합니다. 또 생물끼리는 먹거나 먹히거나, 혹은 먹을 것을 서로 빼앗는 관계이거나 합니다. 자기 이외의 생물과의 관계에 잘 대응하는 것도 필요합니다. 생물에게는 다양한 적응 능력이 요구됩니다. 변화하지 못하면 안 됩니다. 그렇다면 같은 유전 정보 안에서 대응하는 것보다 유전 정보를 바꾸는 쪽이 보다 폭넓게 대응할 수 있겠지요?

현재 지구상에서는 유성 생식을 하는 생물이 주류입니다. 우리 선조들이 선택한 이 방법이 살아남기 위해 유효한 것은 분명합니다. '성'은 살아남기 위한 전략, 조금이라도 생존의 확률을 높여 가기 위한 작전이었던 것입니다.

다만 유성 생식을 하는 생물, 즉 특정한 유전 정보를 가진 개체에게 죽음은 단 한 번밖에 오지 않습니다. 어느 개체도 자신과는 조금 다른 자손을 남기고 죽는 것을 의미합니다. 자기와 같은 개체를 늘리는 무성 생식에서는 있을 수 없는 단 한 번의 생명, 단 한 번의 죽음입니다. 부모가 되는 개체는 별개의 개체와 공동으로 자손을 남기고 자기는 죽습니다.

설령 자신들은 죽어도 자손의 세대는 부모 세대보다도 좋은 개체가 나올 가능성이 있는 데 생물은 모든 걸 건 것입니다. 물론 좋지 않은 개체가 나올 가능성도 있지만 자기와는 다른 개체를 남기기 때문에 환경이 바뀌어도 살아남을 기회가 생깁니다. 그래서 생명은 그 기회에 모든 것을 걸고 설령 자기는 죽더라도 다음 세대를 만드는 방법을 선택한 것입니다.

과학자들이 생각하는 이 가설은 1973년에 미국의 진화생물학자 리 밴 베일런에 의해 주창되었습니다. '붉은 여왕 효과'라는 것입니다. 루이스 캐럴의 『거울 나라의 앨리스』에서 따온 이름입니다. 이야기 속에서 앨리스는 거울을 통과해 간 저편의 체스 세계에서 붉은 여왕을 만납니다. 둘은 엄청난 속도로 달리지만 왠지 아무리 달려도 같은 장소에 있습니다. 놀란 앨리스에게 여왕은 "여기서는 같은 곳에 머무르기 위해서는 힘껏 달려야 해"라고 말합니다.

유성 생식이란 계속 생존하기 위해 계속 변화하는 것입니다. 게다가 계속 변화하기 위해 부모는 자손에게 자기의 유전 정보의 절반을 남기고 죽습니다. 바꿔 말하면 죽음을 반복함으로써 살아남는다는 전략이었습니다. '계속 살기 위해 계속 죽는다'고 할 수 있습니다. 그것은 '같은 곳에 머무르기 위해서는 달려야 한다'는 붉은 여왕의 말과 통하기 때문에 이렇게 이름 붙여졌습니다.

– '성'과 죽는 것이 관계가 있다는 것은 그런 의미였 군요

그렇습니다. 왜 죽는가에 대한 하나의 답이 여기에 있다고 할 수 있습니다.

흥미로운 사실이 있습니다. 짚신벌레는 분열해서 증가하는 단세포 생물인데, 650회 정도 세포 분열을 반복하면 기운이 없어집니다. 그럴 때 다른 짚신벌레와 몸을 연결해 유전자를 교환하면 기운이 회복되어 다시 650회 정도 세포 분열을 합니다. 박테리아 중에도 가끔 두 마리의 박테리아가 서로 몸을 연결해 세포 속의 일부를 주거나 받는 것이 있습니다. 이것을 '접합'이라고 합니다.

진화생물학자인 하세가와 마리코는 박테리아의 접합을 '박테리아의 섹스'라고도 부릅니다. 접합은 박테리아에게는 위험을 수반하는 행위라고 합니다. 한쪽의 박테리아로부터 다른 쪽의 박테리아로 세포 속의 일부를 옮기기 때문에 준 쪽의 세포가 조금 약해집니다. 그뿐 아니라 자칫 한쪽 세포의 속이 전부 다른 쪽 세포로 흘러가 버리는 경우도 있어서, 속이 전부 없어진 박테리아는 공기가 빠진 풍선처럼 푹 꺼져서 죽어 버린다고 합니다. 위험을 감수하고라도 다른 누구와 섞이는 박테리아의 이 행위는 생물이 생명을 이어 가기 위해서는 같은 것을 계속 복사해서는 한계가 있다는 것을 보여 줍니다.

그런데 짚신벌레나 박테리아는 수컷과 암컷의 차이가 없기 때문에 유전 정보를 교환하는 상대는 다른 개체라면 어느 것이든 상관없습니다. 실은 유성 생식도 처음엔 수컷, 암컷의 구별이 없었다고 합니다.

– 수컷, 암컷이 없다니 무슨 의미인가요?

'성(性)'은 왜 있을까?

분명히 유성 생식이란 암컷이 만드는 난자와 수컷이 만드는 정자가 하나가 되어 수정란이 되는 생식 방법이라고 설명했습니다. 생물에 따라 수정하는 방법에 조금의 차이는 있지만 모두 난자와 정자라는 2종류의 배우자가 만나 수정란을 만듭니다. 그렇지만 유성 생식이 처음 시작되었을 때는 난자와 정자의 구별이 없었다고 여겨집니다.

난자와 정자는 모두 부모의 유전 정보의 절반을 가진 배우자입니다. 난자와 정자는 어떻게 만나냐 하면, 어떤 유성 생물이라도 큰 난자에 작은 정자들이 주입되거나 끼얹히거나 합니다. 난자가 큰 것은 영양을 충분히 가지고 있어서이고, 정자가 작은 것은 거의 유전 정보밖에 갖고 있지 않아서입니다. 그럼 어째서 영양을 가진 큰 난자와 유전 정보만 있는 작은 정자가 생긴 것일까요? 생물학자들은 다음과 같은 일이 일어난 것이라고 생각합니다.

태고의 바닷속에서 유성 생식을 시작한 생물들은 각각 자기 유전자의 절반이 들어 있는 유전자 묶음(=배우자)을 바닷속에 방출하고, 방출된 배우자끼리 만나면 자손이 됩니다. 처음에는 별개의 개체가 방출한 배우자끼리 만나서 유전자를 합체할 수 있으면 되었습니다. 그러나 배우자끼리 만날 수 있을지 없을지는 전적으로 운에 달려 있습니다. 바닷속에서 두 개의 배우자가 만

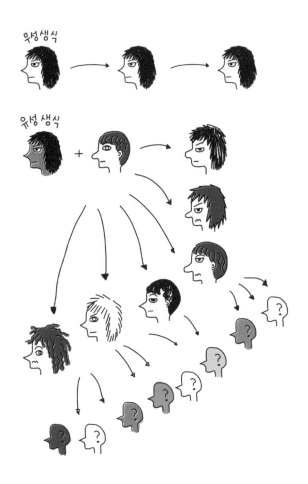

나는 확률은 매우 낮으니까요. 대부분의 배우자가 생명이 되지 못하고 죽는 것이지요.

그런 가운데 바닷속에서 살아남기 위해 영양분을 가진 배우자도 나오게 됩니다. 많은 영양분을 가진 개체, 조금밖에 갖지 못한 개체, 전혀 없는 개체 등 다양한 배우자가 나타납니다. 결국 영양을 갖추지는 못했지만 가벼운 배우자는 많고, 영양을 충분히 갖추어 오래 살 수 있는 배우자가 조금 있을 때 둘이 만날 확률이 가장 높고, 더욱이 수정란의 생존율이 높은 조합이 되었습니다.

그렇게 되자 이 두 형태의 배우자만 만들어지게 됩니다. 두 종류의 배우자는 정반대의 성질을 가지고 있기 때문에 만드는 방법도 같지 않습니다. 그래서 크고 영양이 좋은 배우자(난자)를 전문적으로 만드는 개체, 작고 기동성이 있는 배우자(정자)를 전문적으로 만드는 개체로 나뉘어, 각각에게 필요한 기관을 갖춘 수컷과 암컷으로 나뉘었다고 생각됩니다. 난자를 만드는 것이 암컷, 정자를 만드는 것이 수컷입니다. 암컷과 수컷은 유성 생식의 성공률을 높이기 위한 배우자의 형태에서 생겨난 것입니다.

– 난자와 정자가 먼저, 암컷과 수컷이 나중에 생긴 것이군요!

그렇습니다. 암컷이기 때문에 난자를 만들고 수컷이기 때문에 정자를 만드는 것이 아니고, 난자와 정자가 먼저 있고 그것을 만들기 위해 암컷과 수컷이 생긴 것입니다. 다른 사람과 협력해서 새로운 생명을 만드는 유성 생식을 위해 역할을 분담한 것이 우리 선조들이 확립한 수컷과 암컷이라는 구조입니다. 인간의 남성과 여성도 근원을 따져 보면 생식의 성공률을 높이기 위해 역할 분담한 유전자 묶음(배우자) 두 개로부터 시작된 것입니다. 수컷도 암컷도 원래는 같았습니다.

에페로타(흡관충)라는 단세포 생물은 수컷과 암컷이 구별되는 원시적인 생물이지만, 형태를 보면 수컷과 암컷에 큰 차이가 없습니다. 여러분 주변에도 흥미로운 생물은 있습니다. 달팽이에 대해 알고 있습니까? 한 마리의 달팽이가 수컷, 암컷 양쪽의 성질을 가지고 있습니다. 그래서 같은 수조에 두 마리 이상의 달팽이를 넣고 키우면 알을 낳아 귀여운 새끼를 많이 볼 수 있습니다. 그리고 남쪽 바다에 사는 흰동가리라는 어류는 태어났을 때는 모두 수컷입니다. 무리 안에서 가장 큰 수컷이 암컷으로 변하는 것입니다. 성에도 여러 가지 구조가 있습니다.

이제 인간의 성에 대해, 원래는 같았던 것이 어떻게 해서 남성과 여성이 되었는지 보기로 합시다.

'성(性)'은 왜 있을까?

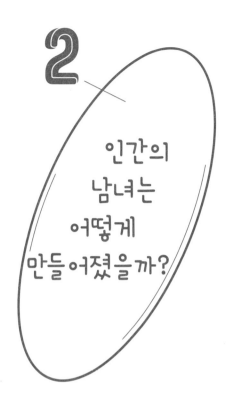

2

인간의
남녀는
어떻게
만들어졌을까?

‒ 처음 만들어진 태아는 남녀 구별이 없다고요?

그렇습니다. '남녀'와 '암수'의 차이는 무엇일까요? 그것에 대해서는 3부에서 생각하겠습니다. 여기서는 우선 인간의 성(남녀)이 어떻게 형성되는지를 보기로 하겠습니다. 태아가 배 속에서 38억 년의 진화의 역사를 거슬러 올라간다고 말했는데, 성 또한 진화의 역사처럼 처음의 태아에게 성별은 없습니다.

인간의 염색체는 23조 46개로, 그중 한 조를 성염색체라고 합니다. 성염색체에는 X와 Y가 있어서 난자(X)와 정자(X 또는 Y)의 조합으로, 수정란의 성염색체가 XX가 되면 여자아이, XY가 되면 남자아이로 생명이 시작됩니다.

그러나 생명으로 시작했을 당시에는 성염색체의 조합이 어떻게 되든 성별에 의한 차이는 없습니다. 성염색체가 활동하기 시작하는 것은 조금 더 지난 후부터입니다. 시작한 지 얼마 되지 않은 생명은 우선은 인간의 형태를 만드는 것에 전념합니다.

태아의 생식기가 되는 부분은 처음에는 남녀의 구별이 없습니다. 성적인 차이가 나기 시작하는 것은 임신 8주째(임신 3개월 초) 정도부터입니다. 작지만 대체로 인간의 형태가 나타나는 무렵입니다.

8주가 지나면 생식 기관은 여성형과 남성형으로 나뉘어 성장합니다. 외성기의 성장 과정을 봐도 알 수 있는데 이때까지는 여성형 성장 과정이고, 남자아이의 경우는 도중에 각 기관이 남성형으로 변화합니다. 이것을 '분화'라고 합니다. 분화의 계기는 Y염색체에 포함되는 SRY(Sex-determining region Y=Y염색체성 결정 영역)유전자라 불리는 유전자가 만듭니다.

XX염색체를 가진 태아인 경우 Y유전자가 없기 때문에 분화의 계기는 일어나지 않습니다. 그 경우 생식선은 난소로 성장해

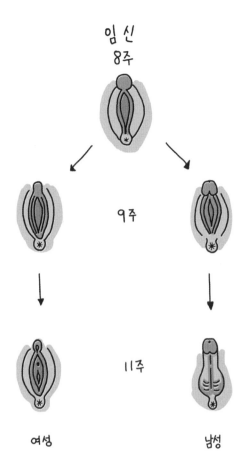

임신
8주

9주

11주

여성   남성

갑니다. 외성기는 소음순, 대음순, 음핵(클리토리스) 등이 분명해집

니다.

한편 XY염색체를 가진 태아의 경우 임신 8주째 정도에 SRY

유전자가 활동하며 지령을 내립니다. 그러면 생식선은 정소(精

巢)로 성장합니다. 정소가 생기면 그와 동시에 남성 호르몬이 늘고, 그 영향으로 각 기관이 남성형으로 변화합니다. 외성기의 갈라진 부분이 합쳐지고 결절이나 요도구 부분이 늘어나 페니스가 됩니다. 대음순 부분은 음낭이 되고, 몸속에서 성장한 정소는 낙하해서 음낭 안에 자리를 잡습니다.

– 원래는 같았는데 이렇게 변하는군요

앞서 말했듯 태아가 38억 년의 생명의 역사를 거슬러 올라가는 것을 생각해 보세요. 물고기 같은 형태를 하고 있었는데 고작 몇 주 사이에 인간의 형태가 된다고 생각하면, 생식기의 분화(역할 분담)는 작은 변화라고 할 수 있습니다. 진화의 역사를 마치고 인간의 형태로까지 성장한 후에 태아는 여성형, 남성형으로 나뉘어 성장을 시작하는 것입니다.

이렇게 XX염색체를 가진 태아는 여자아이로 성장하고 XY염색체를 가진 태아는 Y염색체의 활동에 의해 남자아이로 성장한다는 것이 인간의 전형적인 패턴입니다. 많은 아기들이 이 성장 과정을 거쳐 태어납니다.

그러나 모든 아기가 명확한 남자 또는 여자로 성장한다고는 할 수 없습니다. 생식기가 성장하는 과정은 매우 섬세하고 복잡하기 때문에 모두가 언제나 같은 활동을 한다고는 할 수 없습니다. 다양한 이유로 전형적인 남성형, 여성형의 생식기로 발달하지 않는 경우도 있습니다.

성별을 생각할 때 생물학적으로는 적어도 다음의 세 단계가 있습니다.

- 성염색체 형(XX인가 XY인가)
- 생식선의 형태(난소인가 정소인가)
- 외성기의 형태(질인가 페니스인가)

성염색체에 대응하여 생식선도 외성기도 모두 여성형 또는 남성형이 되는 것이 전형적인 패턴이지만, 각각의 단계 어딘가에서 전형적인 성장을 하지 않았을 경우, 명확한 여성형 또는 남성형이 되지 않습니다. 언제, 어디서 어떤 성장의 차이가 생기는가에 따라 다양한 성장 시스템이 있기 때문에 명확한 남성형과 명확한 여성형 사이에 여러 형태가 존재합니다.

태어났을 때, 의사 선생님은 아기의 외성기를 보고 남녀를 판별합니다(임신 중에 초음파 검사로 태아의 외성기 형태를 보고 성별 진단을 하는 경우가 많지만, 실제로는 태어나서 처음으로 확인할 수 있습니다). 그러나 외성기만으로는 남녀를 구분할 수 없는 아기도 일정 비율 태어납니다. 이와 같이 중간적인 성을 갖는 것을 인터섹스라고 합니다. 그렇지만 남자인지 여자인지 모르는 경우에도 출생 신고서에는 남녀의 성별란이 있기 때문에 어느 한쪽으로 정해야 합니다.

– 염색체로 정하는 거지요?

그렇게 생각하는 사람이 많은데, 앞에서 말한 것처럼 염색체는 생물학적 성별 기준의 하나에 지나지 않습니다. XX=여성, XY=남성이 항상 딱 맞는 것은 아닙니다. 염색체의 형태가 XY라도 Y염색체에 남성형으로의 분화의 계기를 만드는 SRY유전자가 없거나, 있어도 활동하지 않는 경우에는 남성형으로의 변화가 일어나지 않습니다. 겉모습은 여자아이로 성장하기 때문에 초음파 검사에서도, 출생 때에도 여자아이로 판단됩니다. 이 경우에 당연히 여성으로 성장합니다. 사춘기가 되어도 월경을 시작하지 않아서 검사해 보고 비로소 염색체가 XY인 것을 알았다는 경우도 있습니다.

또 염색체가 XX형이라도 체격은 남성인 경우도 있습니다. 염색체의 형태와 생식선이나 외성기의 형태가 항상 같은 성별 형태인 것은 아닙니다. 염색체 자체가 XX, XY 외에 XO, XXY 등 여러 개가 있습니다.

– 남자나 여자로 정할 수 없는 아기가 태어난 경우에는 어떻게 하죠?

대부분의 경우에 의사 선생님이 판단해서 여자 또는 남자로 정하고, 어떤 경우에는 충분한 설명도 없이 선택한 성이 아닌 생식기(생식선)를 떼어 내는 수술도 행해졌습니다. 그때 선택된 성별은 그 아이에게 평생 따라다니는 것입니다. 그런데도 아이 본인에게 올바른 정보가 전달되지 않는 경우도 있습니다. 성장하면서 인터섹스 아이들이 자신의 성이나 정체성에 대해 심각한 고민을 하게 되거나, 수술에 의한 신체적인 불편으로 고민하는 경우도 있다고 합니다.

최근에 남자 또는 여자로 억지로 '수정'하지 않고, 각각 그대로의 성의 형태를 받아들이자고 인터섹스 당사자들이 목소리를 내기 시작했습니다. 자기 자신이 인터섹스인 것을 공표하고 작가로 활동하는 사람도 있습니다.

성기의 형태나 체격도 제각각입니다. 그 차이가 계속 커지면 어디까지가 남자이고 어디까지가 여자인지 명확한 구별이 불가능합니다. 소수이지만 남녀 어느 쪽도 아닌 사람도 존재하는 것입니다. 인터섹스에 대한 정보를 알려 주는 '일본 인터섹스 이니시어티브'에 따르면, 약 2,000명에 한 명(일본에서는 연간 약 600명 미만)이 인터섹스로 태어난다고 합니다.

명확한 남성형과 명확한 여성형 사이에 다양한 성의 형태가 존재한다는 것이 인간의 성의 현실입니다. 그런데도 사회적으로 성은 남녀 2개밖에 없는 것으로 되어 있기 때문에 모든 사람들이 그중 한쪽으로 구분됩니다. 사회나 제도가 현실을 반영하지 못하기 때문에 거기에 들어가지 못하는 사람들이 고통을 당하고 있습니다.

– 성별이라는 것이 그렇게 애매한 것이었군요

대다수의 사람들이 태어났을 때 '남자아이입니다' 또는 '여자아이입니다'라고 고지되고, 그 순간부터 남자아이로, 혹은 여자아이로 살아가는 것이 보통입니다. 각자 남성 또는 여성에 속한다고 생각하며 쭉 그 상태로 지내고, 거기에 위화감을 느끼는 일도 거의 없습니다. 그러나 그렇지 않은 사람도 있습니다.

남자나 여자는 무엇을 기준으로 하는가에 따라 달라집니다. 구별하는 것, 모든 사람을 어느 한쪽으로 규정짓는 것은 그다지 의미가 없습니다. 진화의 역사를 생각하면 원래 같은 것이었습니

다. 생명의 전략으로써 역할 분담을 했을 뿐이기 때문에 명확히 별개로 존재하는 것이 아닙니다. 분명하게 구별할 수 없는 것이 당연합니다.

여러 가지를 만들어 내는 것이 생명의 전략이라면, 늘 다수와 는 다른 것이 계속 태어나는 것도 생명의 숙명입니다. 그것을 다 수와 다르다고 하여 차별하는 것 자체가 잘못입니다. 남자라는 것, 여자라는 것에 평생 의문을 갖지 않았던 사람도 어쩌다 보니 다수파가 되었을 뿐입니다. 모두 다르기 때문에 생명인 것입니다.

성염색체로 남녀의 판별은 불가능하다

성염색체로 남녀의 판별이 가능하다고 단정하는 사람들 때문에
살면서 큰 어려움을 겪은 사람들도 있습니다.

1985년 고베에서 열린 유니버시아드 대회에서 있었던 일입니다.
여성으로 성장한 스페인의 육상 경기 선수인 마리아 호세 마르티
네스 선수는 성별 판정 검사 결과 대회에 출전할 수 없게 되었습
니다. Y염색체를 가진 것이 알려지자 모국 스페인에서 여자 선수
로서 마리아의 기록은 삭제되고 육상 선수로 활동할 수 없게 되
었을 뿐 아니라, 그것이 보도되어 친구와 약혼자도 잃게 되었습
니다.

성염색체에 의해 성별을 판정하는 것이 윤리적으로 문제가 있고,
또 유효성에도 의문이 있다고 생각하는 의사들의 지원도 있어서
1988년 국제 육상 경기 연맹은 마리아에게 여자 선수의 자격을
인정했지만 3년의 공백이 있었던 마리아는 1992년의 바르셀로
나 올림픽에 출전할 수 없었습니다.

그런데 올림픽에서는 우승을 위해 남자 선수가 여자 선수로 위
장하는 것은 아닌지를 검사하기 위해서라는 이유로 과거에는 의
사가 굴욕적인 신체검사를 하고, 1968년부터는 DNA 검사를 하

게 되었습니다. 1970년대부터 그 유효성에 의문을 제기하는 전문가가 많아졌지만 계속 실시되었고, 그 때문에 선수의 인생이 좌우되는 일도 종종 일어났습니다.

2012년 런던 올림픽 여자 육상 800m 은메달리스트인 캐스터 세메냐 선수(남아프리카공화국)가 2009년 베를린 세계 육상 선수권 대회에서 우승했을 때, 국제 올림픽 위원회(IOC)가 성별에 대한 의문을 제기했습니다. 그 때문에 당시 18세였던 세메냐 선수가 여성인지 남성인지 파헤치고자 하는 시선이 전 세계로부터 집중되었습니다. 이 일로 IOC에 대한 비판이 높아져, 2010년 IOC는 세메냐 선수에게 여자 선수의 자격을 인정했지만 세메냐 선수는 큰 고통을 겪어야 했습니다.

사람의 성별은 성염색체에 의해 객관적으로 결정할 수 있는 것이 아닙니다. 어떤 성의 형태로 태어나, 어떤 성으로 살았는지는 한 사람에게 매우 개인적인 것, 프라이버시의 문제입니다. 또 나는 어떤 성인가 하는 자각은 정체성의 문제이기도 합니다. 그렇기 때문에 제3자가 성별을 '판정'해서 그 사람이 남자인지 여자인지 결정하는 것은 해서는 안 되는 일입니다.

2012년에 IOC는 선수가 남성인지 여성인지 성별 판정은 하지 않겠다고 발표해서, 런던 올림픽에서는 염색체에 의한 남녀의 판정은 이루어지지 않았습니다. 그 대신에 근력이나 지구력 등 운

동 능력을 높인다고 알려진 남성 호르몬의 혈중 농도를 체크하여, 일반적인 남자 레벨의 농도를 가진 여자 선수는 출전하지 못하도록 했습니다.

선수를 남녀 어느 한쪽으로 판정하지 않는 이 방법은 성의 형태가 다양할 수 있다는 사실을 반영한 것이라고 할 수 있겠지요(일부 여자 선수에게만 부과되는 검사의 문제점에 대해서는 여기서는 다루지 않겠습니다).

이제는 염색체로 남자인지 여자인지 구별하는 것은 불가능하다는 것, 그와 함께 성의 형태가 남녀 두 개만이 아니라는 것이 조금씩 사회적으로 알려지게 되었습니다.

'성(性)'은 왜 있을까?

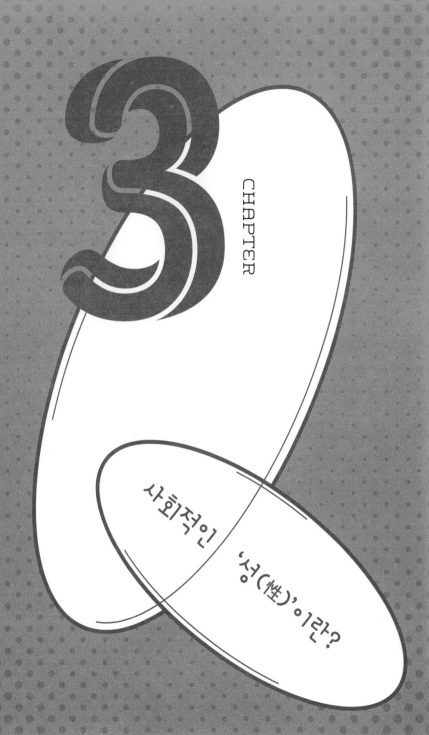

CHAPTER
3

사회적인 '성(性)'이란?

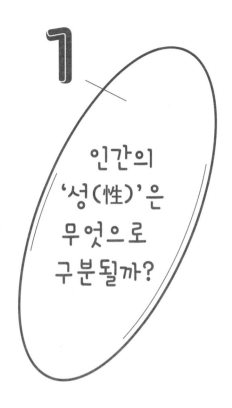

1

인간의
'성(性)'은
무엇으로
구분될까?

− 생물학적인 암수와 달리 인간의 성은 복잡합니다

지금까지 생명, 그리고 성에 대해 주로 생물학적인 측면을 보았는데, 인간의 성은 암수의 문제만이 아닙니다. 인간에게는 특수한 성의 문제가 있는데 그것은 사회적인 측면입니다. 사회 안에서의 성, 사회적인 성이라고 해도 좋습니다. 사회적인 성이란 어떤 것일까요? 우선 남녀의 구분 방법부터 생각해 봅시다.

상점이나 지하철 안, 혹은 길에서 사람을 만났을 때, 대부분의 경우 여러분은 순간적으로 그 사람의 성별을 구분하지 않습니까? 아저씨가 걷고 있다거나 여자애들끼리 사이좋게 쇼핑을 하고 있다거나 말이지요. 그 순간 무엇으로, 더구나 거의 무의식적으로 성별을 판단할까요?

얼굴이나 목소리? 그렇지요. 체격? 그것도 있겠지요. 헤어스타일? 찰랑찰랑한 긴 머리는 여자일 확률이 높겠지요. 복장이나 소지품? 분명히 아저씨가 입을 법한 옷, 아주머니가 입을 법한 옷이 있지요. 젊은 사람들도 남성 패션, 여성 패션이 있습니다. 학교 교복이라면 남자와 여자는 한눈에 알 수 있고, 아이들의 경우도 남아용, 여아용 옷이 있습니다.

그 밖에도 화장이나 걸음걸이, 행동 등 남녀를 구분하는 포인트는 여러 가지가 있는데, 얼굴이나 목소리, 체격 등 신체적인 특징과 함께 외견을 크게 좌우하는 복장이나 소지품 등 이른바 문화적인 요소도 큽니다. 이들 포인트가 남자라면 남자, 여자라면 여자로 통일되었을 때, 한눈에 남성, 또는 여성이라고 판단하는 것이지요. 이렇게 해서 우리는 무의식중에 주위 사람을 남녀로 나누고 있습니다.

남성의 경우는 신체적으로 남자의 특징을 갖추고 있는 것에 더해, 헤어스타일이나 복장 등 남성으로서의 표식을 몸에 두르고, 여성의 경우는 신체적으로 여자의 특징을 갖추고 있으면서 헤어스타일이나 복장, 화장 등 여성으로서의 표식을 몸에 두르고 있는 것이 됩니다. 성은 원래 생식에서의 역할 분담이었지만, 인간 사회에서는 아이부터 어른까지 늘 당연한 듯이 남자인지 여자인지 누구나 한눈에 알 수 있는 상태로 생활하고 있습니다.

그러나 가끔 남자인지 여자인지 알 수 없는 경우가 있지요? 어떤 경우인가요? 복장은 여자 같은데 얼굴이 남자 같을 때? 유니섹스 복장으로 얼굴도 헤어스타일도 구분하기 어려울 때? 여성스러운 얼굴과 체격인데 헤어스타일도 복장도 소지품도 모두 남자 같을 때? 남녀를 구분하는 포인트가 어느 한쪽으로 통일되지 않았을 때, 혹은 어느 포인트에서 보아도 남녀를 구분하기 힘들 때, "어?"라고 생각하거나, "남자? 여자? 어느 쪽이지?"라며 궁금해지지요? 그만큼 신체적, 문화적인 요소로 구성되는 남자라는 이미지, 여자라는 이미지가 우리에게 명확히 있다고 할 수 있습니다.

– 남자인지 여자인지 명확하지 않으면 불편하기 때문은 아닌가요?

그렇지요. 그것이 바로 인간 특유의 성의 문제이지요. 여자 화장실에 어느 쪽인지 알 수 없는 사람이 들어오면 치한이라고 생각할 수도 있으니까요. 그러나 화장실 가는 데 불편하다는 이유만으로 헤어스타일이나 몸에 걸치는 것을 선택하는 것은 아니지요. 게다가 남자에 대한 이미지, 여자에 대한 이미지는 복장 등 보이는 것만으로 정해지는 것이 아닙니다.

저는 초등학교 4~5학년 학생 40명에게 자신의 성에 대해 어떻게 생각하는지 설문 조사를 여러 차례 실시한 적이 있습니다. 남녀 모두 몇 명은 '어느 쪽도 좋다'라고 답한 반면에 남학생의 경우 대부분이 '남자로 태어나서 좋다'라고 답했습니다. 여학생도 '여자로 태어나서 좋다'라는 대답이 대부분이었지만 드물게 '남자로 태어나고 싶었다'라고 답을 한 학생도 있었습니다.

그래서 그 이유를 물었습니다. 자신의 성에 만족하는 학생 중에는 '이유는 모른다, 그저 그냥'이라는 학생부터 '어차피 태어났으니 태어난 대로인 지금의 내가 좋다'라는 학생도 있었지만, 명확한 이유로 자신의 성이 좋다고 주장하는 학생도 있었습니다. 예를 들면 '남자로 태어나서 좋다'는 이유는 '남자가 힘이 세니까'라든지 '야구 선수가 될 수 있어서' 등이었습니다. '여자로 태어나서 좋다'는 이유는 '치마도 바지도 입을 수 있어서', '멋을 부릴 수 있어서', '엄마가 되고 싶어서' 등이었고요. 남자로 태어나고 싶었던 여학생은 '남자가 자유로우니까'라고 썼습니다.

사회적인 '성(性)'이란?

그래서 '정말로 남자라서? 여자라서?'라며 파고들어 이야기를 나눠 본 적이 있습니다. 점점 토론이 뜨거워졌습니다. '여자도 단련을 하면 남자보다 강해질 수 있다', '00는 야구를 하는데, 남자보다 잘하고 훌륭한 포수다'라든지 '남자도 치마를 입을 수 있다', '스코틀랜드 민족의상에서 남자가 치마 입는 것을 본 적이 있다'라든지 모두가 정말 열심히 생각했습니다. 이렇게 하나하나 검증해 보니 남자만 할 수 있는 것, 여자만 할 수 있는 것은 점점 적어졌습니다. 최근에는 근력을 단련하는 여성도 많고, 멋을 잘 부리고 화장을 하는 남성도 자주 보게 되었지요.

나의 상식의 안경을 벗고 세계의 다양한 문화에 눈을 돌리거나, 시대를 뛰어넘는 사람들의 삶의 방식을 봄으로써 '남자만 할 수 있는 것'이라든지 '여자의 특권'이라고 믿고 있던 것은 '지금 이 시대, 이 사회에서는…'처럼 제한적으로 말할 수밖에 없다는 것을 알게 됩니다. 이렇게 생각해 가다 보면 본질적인 차이는 결국 하나밖에 없습니다.

– 아기를 낳는 것이지요?

그렇습니다. 아기를 낳는 것은 여성만이 할 수 있습니다. 그리고 그러기 위해서는 절대적으로 남성이 필요하지요. 생식을 위한 역할을 남녀가 분담하였기 때문에 이 점만은 남성과 여성이 할 수 있는 일에서 차이가 있습니다. 그리고 혼자서는 불가능합니다. 반드시 남녀 두 사람이 필요합니다. 그러나 그 이외의 것은 사회에서 어느 사이엔가 '그런 것'으로 만들어 버린 것일 뿐입니다. 많은 사람이 당연하다고 믿고 있기 때문에, 어린 학생조차도 무의식중에 같은 이미지를 갖는 것입니다. 그런 확신은 문화적인 배경이나 사회의 모습에 따라 다릅니다. 또 시대가 변하면 얼마든지 바뀝니다. 몇 가지 예를 들어 봅시다.

2011년 여자 축구 월드컵 경기에서 일본이 우승했을 때 주장이었던 사와 호마레 선수가 어렸을 때는 여자 축구단이 거의 없어서 소년 축구단에서 축구를 했다고 합니다. 초등학교 6학년 때, 같은 팀의 남학생들은 세계 소년 축구 대회에 출전할 수 있었는데, 당시에는 여자의 참가를 인정하지 않았기 때문에 출전할 수 없어 매우 분한 생각이 들었다고 합니다. 지금은 생각할 수 없는 일이지만, 바로 20년 전의 일입니다.

직업을 봐도 20~30년 전과 비교하면 남녀 구별이 상당 부분 없어졌습니다. 예를 들면 1980년대까지는 여객기의 객실 승무원은 거의 100% 여성으로, 영어의 여성형인 '스튜어디스'라는 용어를 사용했습니다. 객실 승무원은 여성 직업이라고 많은 사람들이 생각했습니다.

사회적인 '성(性)'이란?

또 간호사도 여성 직업이라는 이미지가 강했습니다. 예전엔 '간호부'라고 부르며 여성스러움, 또는 여성이 하는 직업이라고 여겼지만, 지금은 남녀 구별 없이 '간호사'라는 호칭을 사용하게 되었습니다. 비슷한 경우로 보육사도 있지요. 이전에는 '보모'라고 하여 여성들이 하는 일이라고 많은 사람들이 생각했습니다.

물론 이들 업무가 남성이기 때문에 할 수 없다, 혹은 남성이라서 적합하지 않다는 것은 아닙니다(가능한지 아닌지, 적합한지 아닌지는 개인의 자질에 달려 있습니다). 오히려 남성이라는 개성을 살릴 수 있는 경우도 많고, 지금은 남성 객실 승무원, 간호사, 보육사도 드물지 않습니다.

또 마찬가지로 남성의 업무로 여겨지던 일을 여성이 하는 일도 많아졌습니다. 지하철 기관사나 항공기 조종사는 대부분 남성이 하는 일로 여겨졌지만, 조금씩 여성 기관사, 여성 조종사도 늘고 있습니다. 처음으로 여성이 신칸센(일본의 고속 철도)의 기관사가 된 것은 2000년으로, 그때까지는 남성이 대부분이었습니다. 앞으로는 여성 기관사가 더 많아지지 않을까요?

대형 트럭 운전사나 목수, 대형 오토바이를 능숙하게 다룰 수 있어야 하는 경찰 대원 등 체격이나 체력적으로 '남성 일'로 여겨졌던 일에 종사하는 여성도 증가했습니다.

지금 든 예는 극히 일부입니다. 사회적으로 그냥 '남성 일',

'여성 일'이라고 선을 그은 것은 여러 방면에서 사라지고 있습니다. 사람들의 남녀에 관한 생각이 바뀌고, 사회적인 남녀 구별도 변화한 것입니다.

– '남자 이미지', '여자 이미지'가 달라졌다는 의미인가요?

그렇습니다. 사람들의 의식의 변화나 제도의 변경 등도 있지만, '남자가 아니라 못해'라든지, '여자가 아니라 이 일은 할 수 없다'고 생각하지 않고, '하고 싶다!'고 생각한 일에 도전한 사람들이 있었기에 남녀에 대한 이미지도 변했습니다. 그리고 지금도 변화하고 있습니다. 앞으로도 어떻게 변해 갈지는 여러분에게 달려 있습니다.

다음으로 '남자'와 '여자' 이미지에서 좀처럼 떼어 놓기 어려운 부분에 대해 이야기합시다. 여러분의 집에서 밥은 누가 합니까? 청소는? 빨래는? 식재료나 일용품을 사는 것은? 학교의 학부모 회의에 가는 것은? 이들 물음에 '엄마'라고 답한 사람이 많지 않나요? 학교에서 '집안일'에 대한 수업을 할 때 학생들에게 물으면, "엄마가 밥을 짓습니다", "엄마가 청소를 합니다"라고 대답하는 학생들이 다수입니다. 그런 학생들은 "우리는 아빠가

해”라는 친구가 있으면 “어?” 하고 놀랍니다. 학부모 회의 참가
자도 압도적으로 엄마가 많은 것이 현실입니다.

저희 집에서는 딸이 초등학생이었을 때, 저는 학교에서 일하
고 있었고 남편은 요양 시설에서 일하고 있었습니다. 남편은 오
후부터 일하기도 하고, 밤에 나가 아침에 돌아오기도 하여 근무
시간이 불규칙하고, 평일에 쉬었기 때문에 학부모 회의에는 남
편이 가는 일도 많았습니다. 남편은 자기만 남자여서 눈에 띄고
창피하다고 자주 말했습니다. 또 제가 처음으로 학부모 회의에
갔더니, 같은 학급의 어머니가 “어머, 어머니도 계셨군요”라고
말했던 것을 기억합니다.

그럼 여러분 집의 수입은 주로 누가 담당하고 있습니까? 이
답은 ‘아빠’라고 하는 사람이 많겠지요. 여전히 남성(아버지)이 밖
에서 일해서 수입을 얻고, 여성(어머니)은 집에서의 일(가사, 육아)
을 하는, 사회적인 남녀의 역할 분담에 대한 낡은 생각이 남아
있어서입니다. 지금은 어머니도 바깥일을 가지고 있어 집 밖에서
일하는 경우도 많은데, 그래도 ‘집안일은 여자가 하는 것’이라는
의식은 뿌리 깊은 것 같습니다.

여러분의 아버지는 밖에서 다른 사람과 이야기할 때, 어머니
를 뭐라고 부릅니까? ‘집사람’이라고 하지 않나요? ‘집사람’은
문자 그대로 집에 있는 사람이라는 의미입니다. 아버지가 집의

주인이어서 어머니는 아버지에게 종속되어 있는 사람이라는 사고방식인 호주 제도는 남녀평등에 위배되기에 법이 개정되면서 폐지되었습니다. 그렇지만 호칭은 계속 사용되고 있습니다. 호칭과 그것을 사용하는 사람들의 의식은 무관하지 않습니다.

또 저와 비슷한 세대(50세 전후)의 여성은 남편이 집안일을 하는 것을 남에게 이야기할 때, 자신도 모르게 'OO를 해 준다'고 말합니다. '해 준다'라고 말할 때는, 내가 해야 하는 일을 도와주었다든지, 친절이나 호의로 무엇인가를 해 주어서 고맙다는 의미를 무의식중에 포함하고 있습니다.

– 너무 사소한 일인데…

우리들이 무심코 사용하는 사소하고 평범한 표현들에 사회적인 규범이나 생각 등이 반영되어 있는 사례에 대해 더 이야기해 보겠습니다. 작가가 처음으로 쓴 소설이나 영화감독의 첫 작품을 가리켜 '처녀작'이라고 합니다. '처녀'라는 것은 성교를 경험하지 않은 여성을 가리키는 말입니다. 성(性)과는 아무 관계가 없는데, '최초', '처음'을 의미하는 말로 '처녀'가 사용되는 것입니다. 한편 성교를 경험하지 않은 남성을 '동정'이라고 하는데 이말은 사용하지 않습니다.

어째서 이런 표현이 생겨났고 계속 사용되는 것일까요? 우리 사회가 성적 경험이 없는 여성에게 가치를 두고 있는 사고방식이 여전히 존재하기 때문입니다. 지금 5, 60대 정도의 여성 세대는 결혼하기 전에 성적인 경험을 하지 않고 처녀로 있는 것을 매우 중요하게 여겼습니다.

첫 성 경험은 각 개인에게 한 번뿐이기 때문에 소중히 생각하는 것은 자연스러운 일입니다. 그런데 남성에게도 그것은 같은 의미일 텐데, 남성이 결혼할 때까지 동정인지 아닌지는 문제가 되지 않았습니다. 이것도 가부장제와 관계가 있습니다.

호주의 남자 자녀(장남)가 대대로 가장을 이어 가는 가족 제도에서는 태어난 자녀가 가장의 자녀인 것이 중요합니다. 그러기 위해서 가장의 아들을 낳는 여성은 처녀로 시집와야 하고, 시집와서도 다른 남성과 성교할 가능성을 줄이기 위해 자유롭게 밖에 나갈 수 없었습니다. 만일 결혼 전에 성 경험을 했다면 '흠 있는 사람'으로 여겨져 결혼에 지장이 생깁니다.

지금은 성에 관한 생각이 크게 변하고 있지만, 낡은 사회적인 성의 형태도 여기저기서 계속 유지되고 있습니다. 그다지 의식한 적이 없을지 모르겠지만, 남녀별로 구분할 때에는 반드시 남자가 먼저 여자는 그 뒤입니다. '왜 항상 남자가 먼저인가'라고 의문을 가져 본 적은 없습니까? 처음부터 구분하지 않으면 먼저도 나중도 없습니다.

그런데 왜 남자가 먼저일까요? 남자와 여자를 필요 이상으로 구분해서 '남자만 할 수 있다', '여자만 할 수 있다', '여자는 할 수 없다', '남자라면 이래야 한다', '여자라면 이래야 한다'는 것들의 대부분이 실은 사회적인 편견에 지나지 않습니다. 남녀라는 구분 자체가 생물학적으로도 단순하지 않은 것은 2부에서 이야기했습니다. 하물며 사회에서 무엇을 선택하고 어떻게 살아갈 것인가는 남녀보다는 한 사람 한 사람의 인간이 생각해야 하는 문제입니다.

성별에 얽매일 필요는 조금도 없습니다. 그런 것에 얽매이기보다 이 우주 안에서 유일한 존재인 나 자신에게 무엇이 가장 소중한가, 단 한 번뿐인 '죽음'까지의 시간을 어떻게 살아가는 것이 나답게 사는 것인가, 거기에 집중하기 바랍니다.

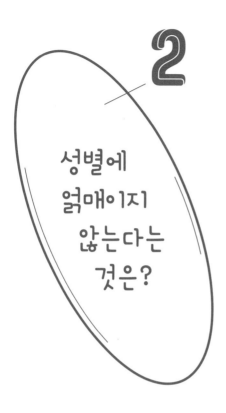

2

성별에
얽매이지
않는다는
것은?

- 남녀의 구별을 없애면 된다는 의미인가요?

남녀에 관한 사회적인 편견에 얽매이지 않는다는 것은 단순히 남녀의 구별을 없앤다는 것이 아닙니다. 사회에 존재하는 남자와 여자의 이미지에서 벗어나도 된다는 의미입니다. 직업을 선택하는 문제 등에 국한되지는 않고 결국 성을 어떻게 받아들이는가의 문제입니다. 여러분이 알고 있는 남녀의 이미지인 '남

사회적인 '성(性)'이란?

자다움', '여자다움'은 우리가 어려서부터 줄곧 여러 장면에서 입력되어 무의식중에 몸에 익힌 것입니다.

여러분이 남학생이라면 어렸을 때 어떤 이유로 울상을 지었을 때, 어머니에게 '남자는 우는 게 아니야'라든지, '남자니까 씩씩해야지'라는 말을 들은 적이 없습니까? 또는 출장 등으로 아버지가 멀리 가실 때 '내가 없는 동안 네가 어머니를 지켜 드려야 해'라는 말을(설령 농담으로라도) 아버지에게 들은 적은 없습니까? 혹은 여러분이 여학생이라면 '좀 여자답게 굴어라'든지 '여자니까 여성스러운 옷을 입어야지'라는 말을 들은 기억이 없습니까?

여러분은 초등학교에 들어가기 전에 책가방을 고를 때 어떤 색을 골랐습니까? 여러 가지 색깔이 있는데도 남자라면 검정이나 파랑 계열을, 여자라면 빨강이나 핑크, 또는 옅은 파스텔 톤을 고르지 않았나요?

우리 반에도 좋아하는 색 도화지를 골라서 사용할 때, 남학생이 핑크를 고르면 "남자가 핑크를 골랐네"라고 말하는 아이가 있었습니다. 또는 "이것은 여자 색이니까"라며 핑크를 싫어하는 남학생도 있었습니다. 그렇지만 왜죠? 핑크가 여자 색깔이라고 누가 정했나요?

—각자 좋아해서 선택한 것이 남자 색, 여자 색으로 나뉜 것 아닌가요?

모두가 그렇게 생각한다면 괜찮겠지요. 그러나 "그것은 여자 색이 아니야"라든지 "그것은 남자답지 않아"라는 말을 듣는 것이 신경 쓰여서, 혹은 그런 말을 듣지 않아도 남자답지 않은 색을 고르는 것은 좋지 않다고 생각하여, 좋아하는 색을 고르지 못하는 남자아이가 있다면 어떨까요? '이래야 한다'는 것에 맞춰야 한다면 좀 갑갑하지 않을까요?

영화나 드라마 등의 프러포즈 장면에서 남자가 이런 말을 하는 것을 자주 듣지 않나요? "반드시 너를 행복하게 해 줄게"라든지, "앞으로는 내가 너를 지켜 줄게"라든지 말이에요. 또는 여자 집에 결혼 승낙을 받으러 갔을 때 결혼을 허락하고 싶지 않은 여자 아버지가 "자네는 내 딸을 행복하게 할 수 있나?"라며 호통을 치거나, 이해심이 많은 자상한 아버지가 "부디 우리 딸을 행복하게 해 주게"라며 부탁하는 장면도 볼 수 있지요.

실제로 이런 대화가 좋은가 나쁜가는 덮어 두더라도, '남자가 여자를 행복하게 해 준다'는 사회적인 바람이 있는 것 같습니다. 그런데 여자는 남자에 의해 행복해져야 하는 건가요? 또는 남자는 여자를 행복하게 해 주어야 하는 건가요? 만일 그렇게 생각한다면 남자에게 상당한 부담이 되지는 않을까요? 두 사람이 함께 있음으로 서로가 행복해지는 것이 아닐까요?

생각해 보십시오. 남자와 여자는 힘을 합쳐서 다음 세대의 생명을 이어 가기 위해, 생명이 선택한 분업 시스템으로서 존재할 뿐입니다. 생명은 원래 어느 한쪽이 우수하다든지 하는 가치를 지향하고 있지 않습니다. 서로 힘을 합쳐서 보다 나은 내일을 향하고자 할 뿐이지요. 한쪽이 다른 한쪽을 지키거나 행복하게 하는 것이 아니고, 하나가 되어 힘을 합치는 것이 양쪽에게 좋으면 되는 것입니다.

영어로는 인생의 반려를 'better half'라고 합니다. '최선의 절반'이지요. 사람은 혼자서는 왠지 부족해서 누군가와 함께하고 싶은 것인지 모릅니다. 거기에 남녀의 구별 따위는 없습니다. 그 두 사람이 서로에게 '아아, 이 사람이야말로 나의 절반이다, 계속 함께 있고 싶다'고 생각한다면 그것으로 충분합니다.

남자는 안정된 직장과 고소득자이어야 한다, 여자는 집안일을 잘하고 남자 취향에 맞게 아름다워야 한다고 생각하면 자신감을 잃게 되고, 진정으로 자기에게 가장 어울리는 '절반'을 찾지 못할지도 모릅니다. 젊은이들이 사회의 색안경으로 인간을 판단하지 않고, 자신들다운 개성적인 커플로 살아가기 바랍니다.

그런데 지금까지 이야기한 성에 관한 사회적 편견에는 남자와 여자밖에 등장하지 않았습니다. 우리 사회에서 성적인 관계는 남녀 간의 문제로만 국한되어 있어, 이른바 생식과 관련한 성으로 파악하고 있습니다. 거기에 여러분은 특별히 위화감이 없을 수도 있습니다. 혹은 왠지 모를 불편함을 느낄지도 모릅니다. 혹은 조금 더 심각하게 나는 평범하지 않다고 고민하고 있을 수도 있습니다. 성적인 형태는 남녀 간에만 있는 그런 단순한 것이 아닙니다.

– 게이 같은 건가요?

글쎄요. 미리 말하자면 성에 관해 평범하다든지 평범하지 않다든지 하는 문제로 고민할 필요는 전혀 없습니다. 소수이기는 하지만 다양한 형태의 성이 있습니다. 간단히 이야기해 보겠습니다.

남성이 여성에게, 여성이 남성에게 성적으로 끌리는 것을 '이성애'라고 합니다. 여러분이 일반적으로 알고 있는 성의 형태입니다. 나와 다른 성에 끌리는 이성애와 달리 나와 같은 성에 끌리는 것은 '동성애'입니다. 남성에게 성적으로 끌리는 남성을 게이, 여성에게 성적으로 끌리는 여성을 레즈비언이라고 합니다. 상대에 따라서 이성애를 느끼기도 하고 동성애를 느끼기도 하는 경우 '양성애'라고 합니다.

'성동일성 장애'라는 말을 들어 본 적이 있을지 모르겠습니다. 신체적인 성별과 마음의 성별이 어긋나는 상태입니다. 예를 들어 신체적으로는 남성으로 태어났는데, 마음은 여성으로 살아야 해 고통받는 경우입니다. 일본에서는 2004년에 특별법이 제정되어 진단을 받고 수술을 받으면 호적의 성별을 바꿔서 자신이 희망하는 성으로 살 수 있게 되었습니다.

지금까지는 성은 남녀 두 가지라는 전제가 있었습니다. 그런데 '인터섹슈얼'인 사람들은 남성이나 여성 어느 한쪽으로 성장하지만 신체적으로는 남성도 여성도 아니기 때문에 '이성애'나 '동성애' 등의 틀로는 생각할 수 없습니다. 성의 형태는 사람들마다 제각각입니다.

'트랜스섹슈얼'이나 '트랜스젠더'도 있습니다. 양쪽 모두 신체적인 성별에 정체성을 갖지 못해 복장이나 호르몬제, 수술 등으로 겉모습이나 신체를 바꾼 사람들을 말합니다. 자신의 상태를 병(성동일성 장애)으로는 생각하지 않는 사람들, 또는 사회적인 '남성다움', '여성다움'을 스스로 극복하려는 사람들입니다.

– 복잡하고 머리가 아프네요

이런 것들을 지금 당장 이해할 필요는 없습니다. 또 각각의 설명도 당사자의 입장에서 보면 자연스럽지 않은 부분도 있을지 모르겠습니다. 그만큼 성의 형태는 사람에 따라 다르고, 용어도 통일되어 있지 않습니다. 분류하려고 해도 어디까지나 편의적인 것이 됩니다.

그럼에도 굳이 이야기하는 것은 생식으로서의 성을 기반으로 역사적으로 남녀에 대한 편견이 만들어져 온 우리 사회 안에, 그 틀 안에 들어오지 못하는 사람이 있다는 것, 그 틀을 뛰어넘고자 하는 사람이 있다는 것을 알려 주고 싶기 때문입니다.

성적으로 어떤 존재인지는 그 사람이 갖는 하나의 특징, 개성일 뿐입니다. 그 사람이 남자인지 여자인지 다른 무엇인지, 어느 쪽인가에 끼워 넣기 전에 '그 사람'이라는 입장에 서면 됩니다. 성적으로 어떠한 형태가 좋은지는 그 사람에 달려 있습니다.

성에는 여러 형태가 있어서 사회적으로 인정받는 것, 조금씩 인정받고 있는 것, 전혀 인정받지 못하는 것 등이 있는데, 그것으로 사람을 차별하는 것은 장애가 있는 사람을 차별하거나, 인종으로 사람을 차별하는 것과 같습니다. 성적인 개성에 관계없이 그 사람 자신, 그 사람의 인간성을 보아야 합니다.

그렇기 때문에 예를 들어 여러분이 남성인데 어떤 원인으로 페니스가 발기하지 않게 되더라도, 이제는 틀렸다고 생각하지

LGBT 란?

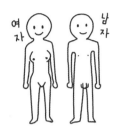

여자 남자

Heterosexual

이성애자

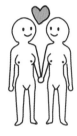

Lesbian

여성 동성애자

Gay

남성 동성애자

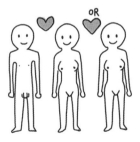

OR

Bisexual

양성애자

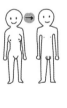

Transgender

트랜스젠더

않기 바랍니다. 여러분의 성적인 개성 중 하나를 장애로 잃게 되더라도 그것이 없으면 살아 있는 의미가 없다고 생각하지 않기 바랍니다. 페니스의 발기 이외에도 인간에게는 소중한 것이 매우 많고, 함께 살아가는 존재로서 훨씬 소중하기 때문입니다. 여러분이 여성이라면, 병으로 자궁이나 난소를 적출하는 경우나 유방암으로 유방을 절제하는 일도 있을 수 있습니다. 그렇지만 그렇다고 하여 '이제 여자가 아니다'라고 생각하지 마세요. 인간의 가치는 그런 것으로 정해지는 것이 아닙니다. 인간으로 어떻게 살아갈 것인가, 이것이야말로 중요한 가치입니다.

동성애와 사회

동성을 성적인 대상으로 추구하는 경향이 강한 사람들은 오랜 옛날부터 어느 시대, 어느 지역에나 존재했습니다. 그리스도교 사회에서 오랜 세월 죄악시해 온 역사도 있습니다. 『행복한 왕자』를 쓴 아일랜드 작가 오스카 와일드는 1895년에 동성과의 성행위로 2년간 교도소에 수감되었습니다. 또 나치 독일은 유대인, 정치범, 집시, 장애인 등과 함께 동성애자도 강제 수용소에 보냈습니다.

사회적인 '성(性)'이란?

19세기 말부터 유럽이나 미국에서는 동성애를 병으로 보고, 호르몬 요법이나 전기 충격 요법, 뇌의 일부를 절단하는 로보토미 요법 등이 행해졌습니다. 세계 보건 기구(WHO)의 질병 분류 리스트에서 동성애를 제외하는 결정이 내려진 것은 1990년입니다.

2000년 무렵부터 네덜란드, 독일, 프랑스 등 유럽 국가들과 캐나다, 미국, 아르헨티나 등에서 동성 혼인을 인정하는 법률과, 동성 커플에게도 양성 부부와 동등한 권리를 인정하는 법률이 생겼습니다. 인생의 반려가 이성인지 동성인지의 차이로 사회적인 차별이 있어서는 안 된다는 생각에 따른 것입니다.

일본에서는 헌법에 '혼인은 양성의 합의에 근거해 성립한다'고 되어 있고, 동성 결혼은 인정되지 않습니다. 이성끼리의 부부에게 인정되는 세금이나 연금, 상속 등의 혜택이 동성 커플에게는 인정되지 않는 것이 현실입니다.

또 세계적으로 남성 동성애는 인정되어 가는 경향이지만, 여성의 경우는 그렇지 못합니다. 왜 그럴까요?

돈벌이로
이어지는
'성(性)'이란
무엇인가?

– 돈과 관련된 성이란 매춘을 가리키나요?

생물학적인 성 이외에 다양한 성의 형태가 있는 것이 인간의 성인데, 사회적인 성에서 한 가지 더 말해야 하는 것이 있습니다. 인간 사회에는 돈과 관련된 성이 존재합니다. 매춘이란 돈을 받고 성행위를 하는 것을 말합니다. 여기서는 원조 교제나 채팅 등으로 알게 된 사람과 성적인 관계를 갖는 것을 생각해 봅시다.

사회적인 '성(性)'이란?

원조 교제에서는 어른 남자가 여학생(초중고생)에게 돈을 건네게 됩니다. 처음에는 함께 식사를 하는 것에 그칠지라도 남자에게는 언젠가 성적 관계를 갖고 싶다는 욕망이 있는 경우가 대부분입니다. 여자는 돈이 필요하다는 동기가 있어서 서로의 이해는 일치하는 듯이 보입니다. 그러나 여자에게는 너무 큰 위험이 따릅니다.

섹스는 두 사람이 하는 것입니다. 돈을 매개로 한 성은 몸도 마음도 상처 입을 가능성이 크다는 것을 알기 바랍니다. 호기심에서라든지 내 몸이니 아무렇게나 해도 된다든지 하며 발을 들이게 되면 큰 상처를 입을 수가 있고, 수습할 수 없는 일도 일어날 수 있습니다. 마음을 크게 다치는 일도 있겠지요. 성 감염증에 걸리는 일도 얼마든지 생각할 수 있습니다. 또 단 둘이 호텔방 같은 밀실에 들어가는 것은 경우에 따라서는 폭력을 당하거나, 최악의 경우 목숨을 잃을 수도 있습니다. 또 그곳에서의 행위로 협박을 당할 수 있습니다. 딱 한 번이라 생각하고 갔는데 동영상 촬영을 해서 퍼뜨리겠다고 협박당하는 경우도 있고, 인터넷에 공개될까 봐 고통받는 사람들이 실제로 많습니다.

만일 원조 교제에서 무서운 일을 당하지 않아 좋은 경험으로 생각하는 여학생이 있다고 해도 그것은 아주 극소수입니다. 언제나 위험이 도사리고 있다는 것을 잊어서는 안 됩니다. 어른들이 어린 여자를 이용하려는 것입니다. 쉽게 다가가서는 절대 안 됩니다. 채팅으로 알게 된 사람에게 성적인 관계를 요구받은 경우에도 비슷한 위험이 숨겨져 있다는 것을 기억하십시오.

– 우리와는 별로 관계없는 것 같은데요

실제로 돈을 매개로 한 섹스에 관여되는 사람은 소수라고 생각합니다. 그러나 돈벌이를 위한 성은 여러분 주변에도 흘러넘치고 있습니다. 포르노 잡지나 소설, 성인물 비디오, 성인 사이트 등입니다.

사춘기가 되면 대부분의 사람들이 섹스에 대해 흥미가 생깁니다. 야한 사진을 보고 싶다든지, 성인물 비디오를 보고 싶다든지, 섹스를 상세히 묘사한 소설이나 글 등을 읽고 싶어 하는 것은 자연스러운 일입니다. 실제로 보거나 읽거나 하는 일도 있지요. 그런 것을 보았다고 해서 여러분이 변태인 것은 아닙니다. 그러나 이들 정보를 접할 때에는 주의가 필요하다는 것을 알아 두세요. 왜냐하면 이런 정보들은 누구나 간단히 볼 수 있는 것들이기 때문에 많은 사람들에게 '상식'이나 '올바른 지식'처럼 여겨지기 쉽지만 그렇지 않습니다. "어머! 너 그런 것도 몰라?"라며 자신만만하게 이야기하는 누군가의 정보도 의외로 이런 데서 얻은 경우가 많습니다.

성적 묘사를 내세우는 소설이나 영화 등은 많이 팔아서 돈을 벌기 위한 것입니다. 그렇기 때문에 보다 자극적으로 성을 묘사하거나, 예상하는 독자나 시청자의 입맛에 맞추게 됩니다. 성인물의 대다수가 남성 위주로 만들어져 있습니다. 포르노 잡지나 만화, 스포츠신문의 선정적인 기사, 성인물 비디오는 남성의 쾌락을 위해 파는 것이기 때문에 거기에 묘사되는 섹스는 대부분 남성의 욕망을 부추기는 일방적인 것입니다.

– 무슨 의미인가요?

예를 들어 성인물 비디오(성인 사이트도 포함됩니다)는 실제로 촬영한 영상인 만큼 생생하게 느껴질 수도 있겠지만, 남성을 성적으로 흥분시키기 위한 것이기 때문에 사람들 사이의 애정이나 친밀감은 없습니다. 많은 경우 오로지 성적인 흥분만을 위한 장면들입니다. 당연한 이야기입니다만, 이런 영상 속에서 여성은 인간으로서가 아니라 성교의 도구로 존재할 뿐입니다. 그렇게 행해지는 행위는 대등한 남녀 간의 섹스가 아니고, 보는 사람을 즐겁게 하기 위한 것에 불과합니다. 좋아하는 사람과 둘이서 하는 섹스와는 전혀 다릅니다.

가령 성인물 비디오에서 여성(배우)이 좋아하는 듯이 보였다고 해도, 현실에서는 여성에게 굴욕적이거나 몸과 마음에 상처를 주는 행위입니다. 남자 배우에게 좋으냐 하면 그렇지만도 않습니다. 남성에게도 돈벌이 수단으로 하는 성행위는 매우 힘든 '일'이라고 합니다. 어느 성인물 비디오의 남자 배우는 "남자 배우는 분명히 말하지만 조연입니다. 여배우를 보여 주기 위한 '소재'에 지나지 않아요. 혹사당하는 것은 남자 배우예요"라고 말합니다.

성인물 비디오를 보고 섹스는 이런 것이고, 남성은 이렇게 행동하고 여성은 이런 반응을 보이는 것이라고 생각한다면 큰 잘못입니다. 그런데 젊은 남성들이 실제 섹스에서 성인물 비디오의 영향을 받는다고 합니다. 이것은 매우 위험한 일입니다. 연인이 싫어하는데 억지로 섹스를 하는 것을 데이트 폭력이라고 하는데, 피해자를 돕는 사람들은 가해자 남성의 언동에서 성인물 비디오의 영향을 지적하곤 합니다.

다시 말하지만 성인물 비디오가 만들어지는 것은 돈벌이를 위한 것입니다. 이런 것이라면 팔리겠지, 더 자극적으로 하면 팔리겠지 하며 계속 만듭니다. 그런 것을 촬영하는 사람들이 있고, 그것을 대여점에서 빌리거나, 인터넷에서 파는 사람들이 있습니다. 돈벌이를 위한 시스템입니다. 부디 그런 것에 속지 마세요.

사회적인 '성(性)'이란?

진정한 성은 그런 것이 아닙니다. 진화의 역사에서 보아도 그것은 분명합니다. 타자와 협력하여 보다 나은 다음 세대로 나아가고자 하는 생명이 도달한 것이 성이고, 남자와 여자입니다. 바로 이 사람이라고 생각되는 'better half'는 소중한 상대이기 때문에 그 상대를 서로 소중히 여기고, 몸과 마음이 하나 되어 서로 사랑하는 것이야말로 성의 근원이라고 할 수 있습니다. 일방적으로 나만 기분 좋아지기 위해서라든지, 하물며 돈벌이를 위해 성이 있는 것이 아닙니다. 그런 성은 단호히 거절해야 합니다.

여러분 주변에는 장삿속으로 왜곡된 성 정보가 넘쳐 나고 있습니다. 성에 흥미를 갖기 시작한 젊은 사람들은 아무래도 사실이 아닌 정보에 접속하는 일이 많아집니다. 그렇지만 거기서 올바른 지식을 얻을 수 없다는 것만은 기억해 두기 바랍니다.

– 그래도 섹스 방법을 모르면 처음 할 때 곤란하지 않나요?

괜찮아요. 곤란하지 않습니다. 서로를 생각하는 마음이 있다면, 오히려 쓸데없는 것을 알고 있는 것보다 훨씬 잘할 수 있다고 생각합니다.

성행위는 남에게 보여 주는 것이 아니고 두 사람이 만들어 가는 매우 개인적인 것입니다. 우리는 한 사람 한 사람 체격이나 체력도 다르고 취향도 다릅니다. 섹스는 그런 두 사람이 만들어 가는 것이기 때문에 사람마다 각기 다르고, 같은 사람이라도 상황이나 나이, 상대에 따라서도 다릅니다. 그때그때 상대를 서로 생각하는 마음으로 만들어 가는 것은 매뉴얼로 가능한 것이 아닙니다. 성인물 비디오처럼 해야 한다고 생각하며 똑같이 할 수 없어서 고민하는 남성도 적지 않은데, 성인물 비디오는 현실이 아니기 때문에 그렇게 되지 않는 것은 당연합니다.

저는 오히려 멋진 소설이나 영화를 보는 것을 권합니다. 섹스란 인간의 삶 속에서 사람과의 관계로 존재하는 것이기에 그 부분만 잘라서 배우는 것은 무리가 있습니다. 소설이나 영화에도 성이 생생하게 묘사되어 있는 훌륭한 작품들이 많이 있습니다. 그런 작품에서 등장인물이 체험하는 성은 이야기의 일부로 그려지기 때문에 "그 사람의 경우는 이런 배경에서 이런 성격으로 이런 상황이었기 때문에 이런 섹스를 했다"든지, "이 두 사람이라면 이런 성 관계가 자연스럽다"든지 등으로 이해할 수 있습니다. 또 섹스의 형태도 이야기의 세계에서 자연스럽게 받아들일 수 있습니다. 소설을 읽거나 좋은 영화를 보면 여러 가지 성의 형태를 만날 수 있습니다.

추천하고 싶은 책을 소개하겠습니다. 벌리 도허티라는 영국 작가의 소설 중에 뛰어난 몇 작품이 있습니다. 『이름 없는 너에게』는 10대에 임신하고 출산하는 여자아이가 주인공인데, 그녀가 고민하면서 살아가는 모습에서 많은 것을 생각하게 됩니다. 아름다운 마지막 장면의 감동을 느껴 보시기 바랍니다.

또 야마다 에이미의 『풍장의 교실』에 수록된 단편 「나비의 전족」도 재미있습니다. 성을 다루는 주제라기보다 주인공인 16살 소녀의 성장을 그리고 있는데, 남자 친구와의 육체관계도 구체적으로 묘사되어 있습니다. 여러 작품을 통해 '사람이 살아가는 데에는 이런 것도 있다'는 것을 많이 접할 수 있으면 성에 대해서도 자연스럽게 배울 수 있겠지요.

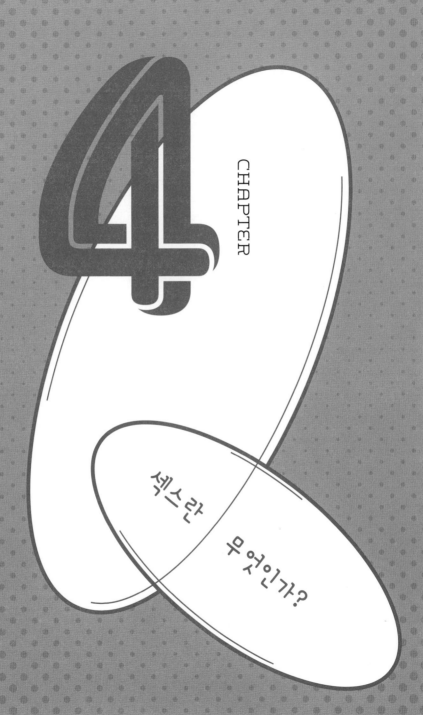

CHAPTER

4

섹스란

무엇인가?

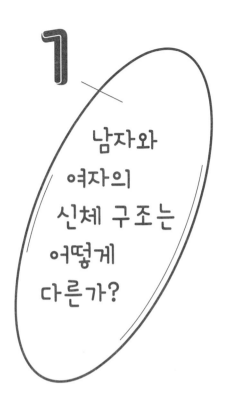

1

남자와
여자의
신체 구조는
어떻게
다른가?

— 『안네의 일기』에 성에 대한 이야기가 나온다면
서요?

『안네의 일기』는 제2차 세계 대전 중에 유대인이라는 이유로
나치에 의해 강제 수용소에 갇혀 목숨을 잃은 소녀 안네 프랑크
의 일기입니다. 안네는 수용소에 갇히기 전 나치의 눈을 피해 은
신처에 숨어 지내는 2년간을 일기로 남겼습니다. 안네가 죽고 2

년 후 1947년에 홀로코스트(유대인 대학살)에서 살아남은 안네의 아버지 오토 프랑크가 일기를 발견해 간행하여 전 세계에 알려지게 되었습니다. 그런데 그것은 축약본이었습니다. 13세부터 15세까지 은신처에서 보낸 안네는 자신의 몸의 변화를 풍부한 감수성으로 표현했습니다. 성에 대해서도 호기심을 가지고 솔직하게 써 내려갔는데, 당시의 사회적인 이미지를 고려해서 아버지 오토가 성에 관한 부분 등을 삭제한 것입니다. 오토가 죽은 후 1991년에 네덜란드어로 무삭제 원고가 간행되어 일본어로도 완역되었습니다.

1944년 3월 24일의 일기 일부를 소개하겠습니다. 페터는 같은 은신처에 살며 안네가 좋아하는 마음을 갖게 된 소년이었습니다. 안네는 이때 14세 9개월이었습니다. 그로부터 약 4개월 후에 은신처가 독일 경찰에게 발각되었고, 안네는 이날부터 약 8개월 후에, 페터는 13개월 후에 각각 다른 수용소에서 죽었습니다. 페터는 수용소가 해방되기 3일 전에 죽었습니다.

조만간 페터에게 꼭 묻고 싶은 것이 있는데, 그는 여성의 그곳이 실제로 어떻게 되어 있는지 알고 있을까요? 내가 생각하기에 남성의 그곳은 여성만큼 복잡하지 않은 것 같습니다. 사진이나 그림으로 벗은 남성의 모습은 정확히 볼 수 있지만, 여성의 그곳은

섹스란 무엇인가?

볼 수 없습니다. 여성의 경우 성기인지 뭔지 이름도 잘 모르지만 그 부분은 양다리 사이의 깊숙이에 있습니다. 아마 페터도 그렇게 가까이서 여자아이의 그것을 본 적은 없을 테고, 솔직히 말하면 나도 없습니다.

남성에 대해서는 설명하는 것도 훨씬 간단하지만, 여성에 대해서는 대체 어떻게 하면 그 부분의 구조를 페터에게 설명할 수 있을까요? 페터가 말하는 것으로 추측해 보면, 페터도 상세한 부분의 구조는 잘 모르는 것 같기 때문입니다. 페터는 '자궁 입구'가 어쩌고저쩌고 이야기했지만 그것은 훨씬 깊은 곳에 있어서 외부에서는 안 보입니다. 여성의 그곳은 앞부분이 정확히 둘로 나뉜 것처럼 되어 있습니다. 11살 또는 12살 무렵까지는 나도 그곳에 두 개의 음순이 있는 줄 몰랐습니다. 전혀 보이지 않기 때문에 내가 가장 크게 오해한 것, 가장 터무니없이 생각한 것은 오줌이 클리토리스에서 나온다고 여긴 점입니다. 언젠가 엄마에게 여기 있는 작은 돌기 같은 것은 무엇이냐고 물어본 적이 있는데, 엄마는 모른다고 했습니다. 지금도 엄마는 아무것도 모르는 척하고 있습니다.

조만간 또 그 문제가 불거졌을 경우, 도대체 어떻게 하면 실제 예를 들지 않고 그 구조를 설명할 수 있을까요? 여기서 일단 그것을 시도해 봐야 하나요? 어, 이상하다. 그럼 해 봅시다!

일어서서 정면에서 봤을 때 보이는 것은 털뿐입니다. 양다리 사이에 작은 쿠션 같은, 털이 난 부드러운 부분이 있는데, 반듯이 서면 두 다리가 딱 붙기 때문에 그 안쪽은 보이지 않습니다. 쪼그려 앉으면 그것이 좌우로 벌어지는데, 그 안쪽은 빨갛고 보기 흉하고 생살 같은 느낌입니다. 맨 위에 바깥쪽의 대음순에 둘러싸여 아주 작은, 피부가 겹겹이 쌓여 있는 것이 있는데, 잘 보면 작은 물집같이 생겼습니다. 이것이 클리토리스입니다. 다음으로 소음순이 있는데, 이것도 작은 주름같이 서로 겹쳐져 있습니다. 이것을 펼치면 그 안쪽에 엄지손톱보다 작은 육질의 뿌리 같은 것이 있습니다. 이 끝에는 각각 다른 작은 구멍이 많이 있고, 오줌은 여기서 나옵니다. 그 아랫부분은 얼핏 보면 피부같이 보이지만 실은 여기에 질이 있습니다. 잘 보이지 않는데, 이 주변 전체가 작은 피부로 겹겹이 싸여 있기 때문입니다. 그 아래로 작은 구멍이 있는데 이 구멍은 보기에도 엄청나게 작아서, 여기로 아기가 나오는 것은 고사하고 남성의 성기가 들어갈 수 있으리라고 생각할 수 없을 정도입니다. 그 정도로 작은 구멍이기 때문에 검지를 쉽게 집어넣기도 힘듭니다. 고작 이 정도의 것인데 이것이 매우 중요한 역할을 하는 것입니다!

『안네의 일기』의 다른 부분과 마찬가지로 이 대목에서도 안

섹스란 무엇인가?

네의 진지한 호기심과 탐구심이 느껴집니다. 그리고 자신의 몸을 사실 그대로 보면서 알게 되는 인체의 신비가 순수한 소녀의 감성 그대로 전달됩니다. 이 부분을 삭제하지 않는 것이 훨씬 안네라는 매력적인 소녀를 생생하게 되살리고 있다고 생각합니다.

안네가 자신의 몸을 똑바로 바라보고 그 신비로운 구조에 놀라며 올바르게 이해한 것처럼 자신의 몸이나, 자신이 언젠가 체험할 섹스에 대해 알고 싶다고 생각하는 것은 당연합니다.

– 섹스를 하는 데 알아 두어야 하는 것은 무엇인가요?

섹스를 하기 전에 신체의 구조나 성에 대한 지식, 감염증이나 임신의 위험을 방지하기 위한 올바른 지식을 알아 두어야 합니다. 그런 것은 몰라도 된다며 큰소리치는 어른이 많을지 모르겠지만, 모르면 몸도 마음도 상처를 입을 수 있습니다.

앞에서 여러분의 생명을 거슬러 올라가 생물학적인 성과 사회적인 성에 대해 이야기했습니다. 성이란 살아남기 위해 생물이 획득한 전략이고, 수컷, 암컷은 생식에서의 역할 분담이었습니다. 인간의 성은 사회적인 측면도 다양하게 고려해야 한다고 했습니다. 그리고 사람과 사람이 서로 사랑하는 것의 근원이 성이라고도 이야기했습니다.

그런데 '섹스'라는 말은 무엇을 의미하는 것일까요? 영어의 'sex'는 생물학적인 성별을 의미하지만, 보통은 '섹스하다'처럼 성행위를 의미하지요. 그럼 섹스란 어떤 행위라고 생각합니까?

혹시 섹스는 성교(남성의 페니스를 여성의 질에 삽입하는 것)라고 생각할지 모르겠습니다. 분명히 생식으로서의 섹스(아기를 갖고 싶어서 하는 섹스)에서 성교는 불가피합니다. 그렇지만 키스를 나누거나, 서로 안거나, 머리카락이나 몸을 애무하거나, 서로 몸을 밀착시키는 등 서로 소중하게 여기는 두 사람이 하는 섹스에는 성교 이외의 것도 많이 있습니다. 이제부터 이야기할 내용은 성기나 성교에 관한 것이 많은데, 섹스는 성교만을 의미하는 것이 결코 아니니 그 점은 꼭 기억해 두세요.

- 그래도 역시 성교에 대해 관심이 있어요

그렇겠지요. 우선은 몸(생식기)과 성교에 대해 정리해 봅시다 (편의상 전형적인 남녀의 신체, 성교에 대해 이야기하겠습니다).

여러분이 남성이라면 이미 알고 있겠지만, 남성의 외성기는 몸의 앞면에 붙어 있습니다. 외성기는 페니스와 음낭으로 이루어져 있는데, 음낭 안에는 정소가 들어 있습니다. 페니스는 평소

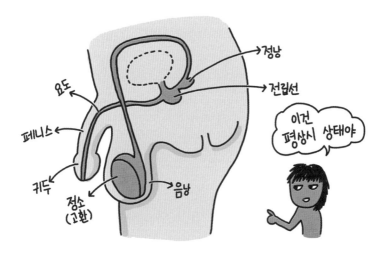

에는 부드럽지만 성적인 자극을 받거나 물리적으로 자극을 받으면 안의 해면체에 혈액이 흘러들어 팽창해서 크고 단단해져 위를 향합니다. 이것이 발기입니다. 아침에 일어났을 때 발기되어 있을 때가 있으리라 생각합니다. 또 사춘기에는 사소한 자극으로 발기되는 경우도 있는데, 자연스러운 반응이니 부끄러워할 일은 아닙니다.

페니스는 사람에 따라 형태가 조금씩 다르고 개인차가 있습니다. 얼굴이나 성격이 사람마다 다른 것과 같습니다. '페니스는 큰 것이 좋다'고 생각합니까? 페니스의 크기도 개인차가 있는데 큰 쪽이 성교를 더 잘하는 것도 아닙니다. 하물며 성교만이 아닌 섹스 전체의 좋고 나쁨은 페니스의 크기와 관계가 없는 것은 잘 알지요?

끝의 귀두 부분이 피부로 둘러싸인 경우도 있습니다. '포경'이라고 합니다. 발기했을 때나 손으로 포피를 당겼을 때 귀두 부분이 나오면 걱정 없습니다. 포피를 당겨도 귀두 부분이 보이지 않거나, 억지로 당겼을 때 아프다면 '진성 포경'입니다. 발기하면 아프거나 포피 안에 세균이 번식해서 염증을 일으키는 경우가 있는데, 비뇨기과에서 간단한 수술로 치료됩니다. 여러분이 남성이라면 목욕할 때에는 페니스의 포피를 당겨서 귀두 아래 홈이 파인 부분을 잘 닦으세요. 때가 끼면 불결해지고 냄새나 염증의 원인이 됩니다.

정소는 고환이라고도 합니다. 이것이 몸 밖에 있는 이유는 정자를 만들거나 보존하기 위해서는 체온보다 2~3도 낮은 것이 좋기 때문입니다. 음낭의 피부는 얇아서 더울 때는 늘어나서 열을 발산하고 추울 때는 열을 빼앗기지 않기 위해 수축해서 온도를 조절합니다. 꽉 끼는 속옷은 통풍이 안 돼 불결하고 열이 발산되지 않기 때문에 조금 여유 있게 입는 것이 좋습니다.

발기해서 페니스가 단단해지면 여성의 질에 삽입해서 성교를 할 수 있습니다. 발기한 후 더욱 성적인 자극을 받아 흥분이 고

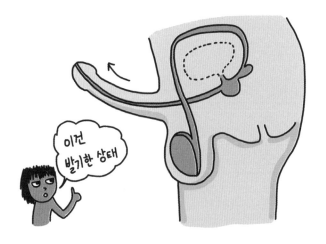

이건
발기한 상태

조되면 정소에서 정낭 부근까지 이동한 정자들은 정낭에서 나온 액체와 전립선에서 나온 액체가 섞여서 정액이 되고 사정할 때에는 전립선이 수축해서 정액이 요도를 통해 힘차게 방출됩니다.

다음으로 여성의 성기에 대해 살펴봅시다. 여러분이 여성이라면 자신의 성기에 대해 잘 모를지도 모르겠습니다. 남자에게는 페니스도 음낭도 어릴 때부터 매일 보고 손으로 만지는 친근한 존재이지만, 여성의 외성기는 거울 등을 사용하지 않는 한 자신의 눈에는 보이지 않는 곳에 있기 때문입니다. 실제로 여중생의 70%가 자신의 외성기를 본 적이 없다는 조사 결과도 있습니다. 여고생조차도 각 부분의 명칭을 정확히 파악하고 있는 사람은 많지 않습니다.

물론 자신의 성기를 보아서는 안 되는 것은 아닙니다. 자신의 성기에 관심을 갖는 것은 당연한 일입니다. 그런데 자신의 성기를 보는 것이 부끄럽다고 생각하는 사람이 있을지도 모르겠습니다. 그렇게 생각하는 것 역시 자연스러운 일입니다. 자신의 몸에 대해 모르는 것보다는 알고 있는 것이 좋지만, 그럴 마음이 생기지 않는다면 보지 않아도 괜찮습니다.

여성의 외성기도 형태나 색깔이 사람에 따라 다릅니다. 대음

순의 맞은편 주름 안쪽에 소음순이 있고, 그 안쪽의 앞부분에
음핵(클리토리스)이 있습니다. 그 뒤에 요도구가 있고 그 뒤에 질
의 입구인 질구가 있습니다. 성적으로 흥분하면 질 속에서 점성
이 있는 액체(질액)가 분비되어 페니스가 들어가기 쉽게 됩니다.

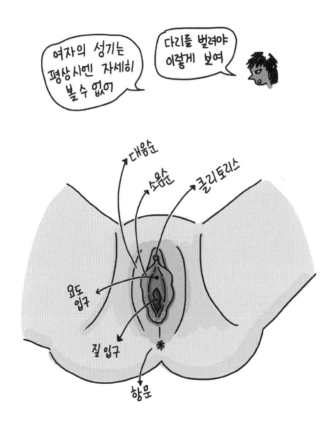

− 성교는 좀 무섭다고 할까, 불쾌한 느낌이 들어요

불쾌하다고 느끼는 것은 자연스러운 감정입니다. 성교할 때에는 두 사람 모두 청결해야 하는 것이 대전제이지만, 그럼에도 지극히 개인적인 부위를 서로 밀착시키는 것이기 때문에 저항감이 있는 것은 당연합니다. 특히 여성의 경우, 신체의 내부로 다른 사람의 신체의 일부가 들어오는 것은 상상하기 어렵지요.

그런 느낌이 있는 것은 그대로 좋습니다. 저는 학생들에게 "불쾌해지지 않는 마법의 열쇠가 딱 하나 있어요. 그것은 '사랑'으로 이 열쇠를 사용했을 때만큼은 불쾌하지 않으니 신기하지요"라고 이야기합니다. 또 어떤 남자 선생님은 "어렸을 때 엄마가 안고 볼을 비벼 주고 하지요. 불쾌했던 사람 있어요? 매우 기분 좋은 일이고 기뻤을 거예요. 그러나 모르는 아저씨가 끌어안거나 볼을 비비면 불쾌해요. 사람과 사람의 관계에는 그 행위가 허용되는 관계가 있어서, 그런 관계라면 기분이 좋아집니다. 그런 사람과 만났을 때는 이것이 불쾌하지 않게 되지요"라고 학생들에게 이야기한다고 합니다.

−그건 알겠는데…

섹스란 무엇인가?

실은 설령 서로 좋아해서 성교를 포함하는 섹스를 하는 관계가 된 두 사람이라도 항상 불쾌하지 않은 것은 아닙니다. 싸웠을 때에는 섹스 따위는 하고 싶지 않지요. 싸우지 않아도 갑자기 성교를 할 수는 없습니다. 서로에게 사랑스러운 마음이 들고, 접촉하면서 두 사람 모두 성적으로 흥분이 되었을 때 비로소 자연스럽게 성교를 할 수 있는 것입니다. 성교만을 부각시키면 불쾌해도, 섹스의 일부가 되었을 때에는 불쾌하지 않게 됩니다.

그리고 언젠가 여러분이 '이 사람과 섹스하고 싶다'고 생각하는 사람을 만나게 되었을 때, 틀림없이 여러분은 불쾌하다고 여기지는 않을 겁니다. 그런 만남이 있는 것입니다. 그렇기 때문에 불쾌한 마음이 드는데 억지로 섹스를 할 필요는 없습니다. 섹스는 두 사람 모두 자연스러운 상태에서, 불쾌하지 않다고 느껴질 때 하는 것입니다.

다음으로 혼자서 하는 섹스라고도 할 수 있는 자위(마스터베이션)에 대해 이야기하겠습니다.

−둘이 하는 섹스보다 부끄러울지도 모르겠네요

자위란 스스로 자기의 성기를 자극해서 성적인 쾌감을 얻는 행위입니다. 정말 은밀한 일이기 때문에 부끄러운 생각이 드는 것도 당연합니다. 그래서 대놓고 아무하고나 이야기할 수 있는 것은 아니지만 사춘기를 맞이해서 성적으로 성장했으니 자위를 하는 것은 자연스러운 일입니다. 만약 자위하는 것에 죄책감을 느끼거나 고민하고 있다면 그럴 필요 없습니다.

구체적으로 어떻게 하는지는 각자가 방법을 찾아야 합니다. 전적으로 자신의 방법으로 해도 괜찮습니다. 주의해야 하는 것은 성기나 손을 청결히 해야 한다는 것 정도입니다. 여성의 경우 자신의 성기가 보이지 않아 잘 모를 수 있지만, 만지면 어떤 느낌이 드는지 자기의 몸을 아는 기회가 되기도 합니다. 남성의 경우는 대부분 마지막에 사정을 합니다. 여러분이 남성이라면 정액이 묻은 휴지 정도는 말끔히 치웁시다.

－불쾌한 것과 부끄러운 것은 다르죠

저는 이전에 졸업 직전인 6학년 학생들에게 "섹스라는 말에서 여러분이 느끼는 감정에 가장 가까운 것은 어느 것입니까?"라고 무기명 설문 조사를 실시한 적이 있습니다. 결과는 다음과 같았습니다(복수 답변입니다).

· 알고 싶지만 나와는 아직 관계없다 ---- 18명

- 매우 싫다, 듣고 싶지 않다 ---- 7명
- 제대로 가르쳐 주면 좋겠다 ---- 6명
- 불쾌하다---- 3명
- 부끄럽다 ----3명
- 무섭다 ---- 2명
- 살짝 가르쳐 주면 좋겠다 ----2명

알고 싶다고 생각하는 순수한 마음이 대부분입니다. 흥미를 갖는 것은 당연합니다. 제가 염려되는 것은 '싫다' '불쾌하다' '무섭다'라는 반응입니다. 어딘가에서 잘못된 지식이 영향을 미쳤기 때문일 겁니다. 우리 사회에는 그런 것들이 넘쳐 나기 때문이죠.

섹스에 대해 정확히 아는 것은 매우 중요한 일입니다. '불쾌한' 것과 '부끄러운' 것은 다릅니다. '부끄럽다'고 생각하는 것은 당연합니다. 누구나 자신의 모든 것을 드러낼 수는 없기 때문입니다. 그렇지만 '불쾌한' 일은 아닙니다. 안네가 자신의 몸을 똑바로 바라보고 그 신비로운 구조에 놀라며 올바르게 이해한 것처럼 자신의 몸이나, 자신이 언젠가 체험할 섹스에 대해 알고 싶다고 생각하는 것은 자연스러운 일입니다.

조금 부끄럽지만 정확히 알고 싶은, 그런 것에 제대로 대답해 주는 선배나 어른이 없으면 불안해지지요. 여러분의 의문이 조금은 풀렸나요? 여러분 주변에 언제든 질문할 수 있는, 신뢰할 수 있는 어른이 있으면 좋겠습니다.

섹스란 무엇인가?

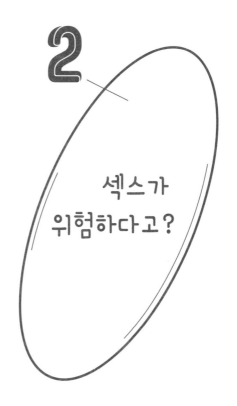

2

섹스가
위험하다고?

– 섹스에 동반되는 위험이란 어떤 것인가요?

우리 몸은 피부가 감싸고 있고, 피부가 몸을 외부와 내부로 구분하여 외부로부터의 세균이나 바이러스 등의 침입을 막고 있습니다. 섹스는 피부를 밀착시킬 뿐 아니라 몸의 내부라고 할 수 있는 점막의 접촉도 포함되는 행위입니다. 어떻게 하는가에 따라 상대방의 몸과 마음에 커다란 상처를 주기도 하고, 반대로 상처를 입기도 합니다. 위험을 이해하고 대책을 알아 두는 것이 중요합니다. 섹스에는 주로 다음 세 가지의 위험이 있습니다.

· 성 감염증
· 원치 않는 임신
· 성폭력

우선 성 감염증부터 이야기하겠습니다. 성 감염증이란 섹스로 인한 접촉으로 옮게 되는 병입니다. 정액이나 질 분비물, 성기나 입, 목, 항문 등의 점막을 통해 감염됩니다. 점막이 닿게 되는 딥 키스나 성기에 키스하는 오럴 섹스로도 옮습니다.

에이즈도 성 감염증의 하나입니다. 에이즈에 대해서는 나중에 상세히 이야기하겠습니다. 에이즈 이외의 주된 성 감염증에는 클라미디어 감염증, 헤르페스바이러스 감염증, 매독 임질 감염증, 질칸디다증, 질트리코모나스증 등이 있습니다.

이런 성 감염증은 균이나 원충(단세포 기생충)이 원인이 되는 감염증으로 항균제나 항생 물질 등으로 치료가 가능합니다. 성적인 접촉에 의해 감염되는 것이기 때문에 성 감염증의 예방에는 콘돔이 유효합니다. 완전히 예방할 수 없는 것도 있지만, 위험을 대폭 줄일 수는 있습니다. 클라미디어 감염증이나 임질 감염증에 걸리면 에이즈의 원인이 되는 HIV(인간 면역 결핍 바이러스)에 감염되기 쉽다는 사실도 밝혀졌습니다. 또 남녀 모두 불임의 원인이 되는 경우도 있습니다.

증상이 약한 것도 있어서 감염이 되었는지 모르는 경우도 있는데, 감염을 방치하면 에이즈나 불임의 위험이 높아지기 때문에 몸 상태나 몸의 변화에 주의를 기울여 성기에 불쾌감이나 가려움, 통증이 있을 때, 여성의 경우는 분비물에 이상이 있는 경우에도 의료 기관에 가서 검진을 받아야 합니다. 또 섹스하며 서로에게 감염시키기 때문에 감염되었을 경우에는 두 사람이 함께 치료를 받는 것이 중요합니다.

– 많은 병이 있어서 무섭네요

성교는 매우 은밀한 접촉이기 때문에 감염의 위험은 늘 따릅니다. 위험이 따르긴 하지만 각각의 생명이 하나가 되어 새로운 생명을 만드는 것의 의미를 새삼 떠올리게 됩니다.

감염의 위험은 콘돔을 올바르게 사용함으로써 상당히 줄일 수 있고, 감염되었을 경우에도 조기에 치료하면 건강에 큰 문제가 없습니다. 그것은 에이즈도 마찬가지입니다. 에이즈라고 하면 특별한 병인 것처럼 생각하는데, 성 감염증의 하나이기 때문에 다른 성 감염증과 마찬가지로 예방해서 위험을 줄일 수 있고, 최근에는 치료법이 개발되었기 때문에 감염되었을 경우에도 치료가 가능합니다.

에이즈(AIDS)란 HIV(Human Immunodeficiency Virus), 인간 면역 결핍 바이러스에 감염되어 발생하는 병으로, 후천성 면역 결핍 증후군(Acquired Immune Deficiency Syndrome)을 뜻합니다. HIV에 걸려서 치료하지 않으면 면역력이 저하하여 건강한 사람이라면 아무렇지 않을 균이나 바이러스에도 감염증에 걸리게 됩니다. 이것이 에이즈입니다. 증상이 나타날 때까지의 시간은 감염된 사람의 건강 상태나 면역력에 따라 각기 달라서 감염 후 1~2년에 에이즈 증상이 나타나는 사람도 있고, 10년 이상 지나도 증상이 나타나지 않는 사람도 있습니다.

HIV는 약한 바이러스로 인간의 체내에서만 생존할 수 있고, 물이나 공기와 접촉하거나 열을 가하거나 하면 쉽게 감염력을 잃습니다. 침이나 땀, 소변, 눈물 속에 있는 HIV는 매우 적기 때문에 이런 것들로부터 감염되는 일은 없습니다. 또 음식이나 벌레 등을 매개로 한 감염 보고도 없습니다. 사회생활에서 옮는 일은 없습니다. 감염되는 것은 주로 다음의 세 가지 경로입니다.

성행위에 의한 감염

셋스란 무엇인가?

HIV는 주로 혈액이나 정액, 질 분비액에 포함되므로 성기나 항문, 입 등의 점막, 상처가 있는 곳의 접촉을 통해 감염됩니다. 에이즈 증상이 나타나지 않아도 HIV에 감염되어 있으면 성행위로 상대에게 감염시킬 가능성이 있습니다.

혈액에 의한 감염

HIV를 포함하는 혈액을 수혈했을 경우나 주사기 등을 재사용함으로써 감염됩니다. 헌혈된 혈액은 엄중하게 검사해서 거의 안전합니다. 의료 기관에서는 일회용 주사기를 사용하기 때문에 병원의 주사기에서 감염되는 일은 없습니다.

어머니로부터 아기에게로의 감염

어머니가 HIV에 감염되면 임신 중이나 출산 때에 감염되는 경우가 있습니다. 모유에 의해 감염되는 경우도 있습니다. 일본에서는 어머니가 HIV 치료약을 먹는 것과 모유를 먹이지 않는 것으로 아기에게로의 감염은 1% 이하로 제어되고 있습니다.

이와 같이 혈액에 의한 감염은 거의 없고, 어머니로부터의 감염에 대해서는 임신해서 검사를 하면 HIV에 감염되었는지를 알 수 있기 때문에, 대책을 취해서 예방할 수 있습니다. HIV 감염

경로는 대부분이 섹스입니다.

'에이즈는 특별한 섹스로 특별한 사람들이 옮기는 특별한 병'
이라고 생각한다면 틀렸습니다. 다른 성 감염증과 마찬가지로
페니스를 질에 넣었을 때나 오럴 섹스를 했을 때뿐 아니라 키스
를 했을 때 입에 상처가 있으면 감염될 가능성이 있습니다. 섹스
의 상대가 이성이든 동성이든 감염의 가능성은 있습니다. HIV는
남성 동성애자들이 감염된다고 알고 있는 경우도 있는데, 그것
은 잘못된 편견이고 이성간의 섹스로도 감염됩니다.

에이즈는 다른 성 감염증과 마찬가지로 여러분도 감염될지
모르는 가까운 위험이라는 것을 잊지 말아야 합니다. 또 한 가지
중요한 것은 HIV 감염은 콘돔을 올바르게 사용하면 거의 100%
막을 수 있다는 것입니다.

HIV는 인생의 끝이 아니다

예방은 중요하지만 그래도 HIV에 감염되는 경우도 있습니다.
『21세기의 과제=지금이야말로 에이즈를 생각하자』에 실려 있
는 실제 에피소드를 소개하고자 합니다. 사귀고 있던 남자 친구
와 헤어지고 나서 HIV에 감염된 것을 알게 된 어느 여성의 이야

기입니다.

HIV 감염을 알았을 때, 다행히 여성의 면역력은 크게 떨어지지 않아서 치료를 시작했습니다. 그녀에게는 헤어진 남자 친구가 첫 애인이었고 그하고만 섹스를 했기 때문에 HIV는 그에게서 감염되었다고 생각할 수밖에 없었습니다. 다른 사람들과 마찬가지로 연애를 했을 뿐인데…. 처음에는 남자 친구를 원망했다고 합니다.

그래도 태어나서 처음 진심으로 사랑한 사람을 죽을 때까지 원망하며 사는 것은 그녀 자신이 너무 불쌍하다, 게다가 감염된 것은 콘돔을 사용하지 않은 두 사람의 책임이라고 마음을 고쳐먹고, 감염 사실을 남자 친구에게 밝히기로 했습니다. 자신은 감염된 것을 알아서 치료를 시작했지만, 남자 친구는 HIV에 감염되었다고는 생각하지 않을 것이고, 감염을 모르는 채로 있으면 더 악화될 수도 있다고 생각했기 때문입니다.

처음에 그는 고약한 농담이라고 받아들이면서 "내가 처음이라고 했지만 사실은 다른 상대가 있었던 거 아니야?"라고 반응했습니다. 하지만 그녀의 진지함에 마침내 검사를 받고 감염을 확인할 수 있었습니다.

그 후 새로운 애인이 생긴 그는 '헤어지게 될지도 모른다'고 생각했지만 거짓말은 하고 싶지 않아서 HIV에 감염된 것을 고백합니다. "치료도 받고 있고 너에게 감염되는 것을 예방하는 노력은 최선을 다해 하겠다. 그러나 감염 위험이 제로는 아니다. 그런 것이 싫다면 포기하겠다. 그러나 허락해 준다면 너와 함께 살아가고 싶다. 가능하다면 아기도 갖고 싶다"라고 말했다고 합니다. 그 말을 들은 여자 친구는 아무 말 없이 사라졌지만 2주 후에 "정식으로 사귀자"고 연락을 해 왔습니다. "솔직히 고백해 줘서 고마워. 나를 소중히 여기고 있는 것을 알았어. 나도 전에 사귀던 사람이 있었는데, 예방 같은 것은 신경 쓰지 않았어. 그런 일은 있을 수도 없다고 우습게 볼 뿐이었어. 그래서 나에게 HIV가 있어도 이상하지 않아. 너를 좋아하고 소중한 사람이라고 생각한 건 HIV와는 관계가 없어. 오히려 감염을 알았기 때문에 진지하게 장래에 대해서, 아이에 대해서 둘이서 생각하며 살아갈 수 있어"라고 말했다고 합니다.

그 후 두 사람은 결혼해서 아이가 태어났습니다. 그녀도 아이도 감염되지 않은 것을 알고, 그는 전 여자 친구를 만나러 갔습니다. 헤어진 남자 친구를 위해 일부러 찾아와서 필사적으로 알려 준 그녀는 자신의 가족 세 명의 생명의 은인이기 때문입니다.

그 이야기를 듣고 그녀도 "살아 있어서 다행이야. HIV 감염을 알고 나서 더 이상 인생에 좋은 일은 없을 거라고 생각했는데 나도 다시 한 번 연애하고 싶다"고 말했다고 합니다.

섹스란 무엇인가?

여기에 등장한 사람들로부터 많은 것을 배울 수 있다고 저자는 이야기합니다. 실패는 인생에서 늘 따라다니는 것이지만 그것이 인생의 끝이 아니라는 것, 사람은 실패에서 일어서는 힘을 갖고 있다는 것, 실패할 수 있는 사람끼리 서로 의지하는 것이 중요하다는 것, 그리고 무엇보다 HIV와 함께 살아가는 사람은 배움을 전해 주는 귀중한 동료라는 것. 이렇게 경험을 전해 준 것에 감사하고 싶습니다.

— 임신은 대단히 큰 문제입니다!

어떻게 임신이 되는지는 1부에서 이야기했는데, 성교는 원래 생식을 위한 행위였기 때문에 섹스를 하면 임신할 가능성이 있습니다. 장래에 여러분이 아기를 원해서 섹스를 하는 경우가 있다 하더라도 그것은 먼 일입니다. 그전에라도 섹스를 할 때에는 언제나 임신을 예방(피임)할 필요가 있습니다.

피임 방법은 콘돔이 일반적입니다. 정자를 질 안에 들어오지 않도록 해서 임신을 막는 방법입니다. 이 밖에도 필, IUD(자궁 내에 넣는 피임 링), 페서리 등이 있는데 모두 성인용입니다. 질 안의 정자를 죽이는 피임 필름이나 질정 등도 있는데, 콘돔과 함께 사용해서 효과를 높이기 위한 것으로, 단독으로 사용하는 것은 아닙니다.

예상치 못한 임신은 섹스의 위험 중에서도 대단히 큰 문제입니다. 그런 일은 일어나지 않기를 바라지만, 가령 콘돔을 사용했어도 실패해서 임신하는 경우도 있습니다. 그렇기 때문에 피임에 실패했을 때 어떻게 하면 좋을지 이야기하겠습니다.

월경이 늦어진다, 피임에 실패했을지도 모른다, 또는 무방비한 섹스를 했다는 등 마음에 걸리는 일이 있는 경우, 가능한 빨리 시중에서 판매되는 임신 테스트기로 검사를 해 보십시오. 소변만으로 임신인지 판정할 수 있는 기구를 약국에서 살 수 있습니다. 다음 월경 예정일 1주일 후부터 판정이 가능합니다. 약국에 가는 것은 용기가 필요하지만, 만일 임신했다면 배 속의 태아가 성장하고 있으니 이때가 첫 번째 관문입니다.

임신 테스트기로 양성이 나왔다면 되도록 빨리 산부인과의 검진을 받으세요. 정말로 임신을 했는지 병원에서 검사해 보지 않으면 모릅니다. 그리고 임신한 것이 확실하다면 즉시 가장 신뢰할 수 있는 어른과 의논하십시오. 혼자서 고민하며 시간을 끌다 보면 배 속의 아기는 계속 성장합니다.

의논하는 것은 부모가 아니어도 됩니다. 보건실의 선생님, 친척… 누구든 떠올려 보세요. 주변에 의논할 어른이 없을 경우,

또는 필요한 정보를 얻고 싶을 때 도움을 주는 단체가 있습니다. 지방 자치 단체에서 예상치 못한 임신에 대한 상담 창구를 마련해 놓은 곳도 있습니다.

중절은 하지 않는 것이 좋지만, 아기를 낳는 선택을 할 수 없는 경우, 임신을 무리하게 권할 수는 없습니다. 다만 본인이 키울 수 없어도 낳는 것을 선택할 수도 있으니 잘 생각해서 결정하는 것이 중요합니다.

그리고 제발 누구에게도 의논하지 않고 혼자서 고민하고, 제대로 된 의료 기관이 아닌 곳에서 중절하는 일만은 하지 말아야 합니다. 정상적인 의료 기관에서 중절 수술을 받은 경우에는 후유증이 거의 없지만, 그렇지 않은 곳에서 처치를 받으면 후유증의 위험이 있습니다.

중절은 정신적인 영향도 커서 의식적이든 무의식적이든 마음의 상처가 오래 남는 경우가 있습니다. 결코 바람직한 일이 아니지만, 실패나 후회도 하는 것이 인생입니다. 잘 생각한 후에 내린 결론이라면 마음의 정리도 쉬울 겁니다. 그리고 같은 실패를 반복하지 않는 것이 무엇보다 중요합니다.

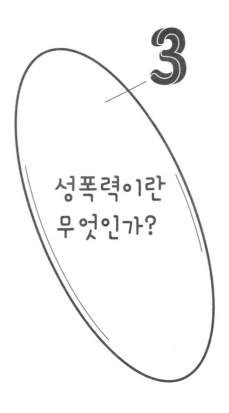

3

성폭력이란
무엇인가?

– 성폭력은 성폭행을 말하나요?

그것만은 아니지만, 성폭력이라는 말을 들으면 우선 떠오르는 것이 성폭행이겠지요. 성폭행이라고 하면 밤길에서 여자가 갑자기 남자에게 습격을 받고 협박당하거나 폭행을 당하고 억지로 성관계를 당하는 장면이 그려지나요? 범인은 흉악한 범죄자이고, 왠지 일상생활과는 다른 세상의 일이라는 느낌이 듭니다.

그리고 그런 강간범을 만나지 않기 위해 여성은 밤길을 혼자 걷지 않는 등 주의해야 한다고 강조하는 말들을 떠올릴 수도 있겠습니다. 분명히 어두운 밤길에서 여성이 범행에 노출되는 사건도 있습니다. 그러나 성폭력은 더 가까운 곳에서도 일어납니다.

이런 조사가 있습니다. 일본의 20살 이상의 여성(1751명) 중 7.6%가 이성에게 억지로 성교를 당한 경험이 있었습니다. 그리고 그 상대는 '잘 아는 사람'이 61.9%, '얼굴을 아는 정도의 사람'이 14.9%, '전혀 모르는 사람'이 17.2%였습니다. 피해를 당한 여성의 약 80%가 남편이나 교제 상대(전 남편이나 전 애인도 포함), 직장이나 아르바이트하는 곳, 학교에서 알고 지내는 사람으로부터 피해를 입었습니다. 가해자의 대부분은 말하자면 평범한 사람인 것입니다.

그리고 피해를 당하고 나서 '심신이 불안정해졌다', '이성과 만나는 것이 무서워졌다', '내가 가치가 없는 존재가 된 느낌이다', '밤에 잠을 잘 수 없다', '외출하는 것이 무서워졌다', '일을 그만두었다, 또는 바꿨다', '이사를 갔다' 등 피해를 입은 여성의 63.4%에게 생활의 변화가 있었습니다.

– 남편이나 애인도 가해자가 되나요?

물론입니다. 한 번 섹스한 일이 있으니, 또는 사귀고 있으니, 부부니까 언제라도 섹스하고 싶은 것은 아닙니다. 섹스는 인간끼리의 가장 친밀한 접촉이기 때문에, 가령 친한 사이라도 상대가 싫어하는데 억지로 하는 것은 당하는 쪽에게는 끔찍하고 굴욕적이고 때로는 공포를 느끼며 몸과 마음에 큰 상처를 남기는 것입니다.

성폭력의 대부분이 가해자는 남성이고 피해자는 여성으로, 이 조사에서는 '이성에게 억지로 성교당한 경험'에 대해서는 여성만을 대상으로 했습니다. 그렇지만 2부에서 이야기한 것처럼 성의 형태는 다양하기 때문에 성폭력의 관계도 다양하게 존재합니다. 피해자가 남성인 경우도, 여성이 가해자인 경우도 있습니다. 물론 남녀 사이로 한정할 수도 없습니다. 그러나 어떤 경우에도 피해자가 몸과 마음에 커다란 상처를 입는 것에 변함은 없습니다.

성폭력은 '흉악한 범죄자'가 일으키는 사건이 아니고, 일상생활에 잠재되어 있는 위험입니다. 그렇기 때문에 여러분의 주변에서도 일어날 수 있습니다. 장래에 여러분이 피해자 또는 가해자가 될 수도 있는 것입니다.

애인처럼 친한 사이의 성폭력은 모르는 사람에게 갑자기 당하는 성폭행과 구별해서 데이트 성폭력이라고 부릅니다. 학교 현장에서 임상 심리사로 활동하고 있는 노자카 씨에 따르면 데이트 성폭력 가해자인 남학생들에게는 폭력을 휘두르고 있다는 자각이 없고, '애정 표현으로 했다'든지 '그렇게 해야 한다고 생각했다', '그렇게 하는 것이 보통이다', '모두 그렇게 한다' 등의 대답이 많았다고 합니다.

노자카 씨는 이와 같은 데이트 성폭력을 '성적인 장면에서는 남자가 리드해야 한다'는 사회적 편견을 남학생들이 확신하고 있는 것에서 발생하는 '의도치 않은 가해'라고 말합니다. 그리고 여학생들 또한 이러한 편견에서 자유롭지 않은 것도 한 원인이라고 지적합니다. 그 밖에도 데이트 성폭력의 배경에는 다음과 같은 편견들이 있습니다.

· 섹스란 다소 억지로 하는 것이다.
· 여성은 처음에는 싫어해도 점점 섹스를 좋아하게 된다.
· 정말로 싫다면 끝까지 저항할 것이다.
· 남자는 성욕이 있기 때문에 어쩔 수 없다.
· 사랑한다면 섹스하는 것이 당연하다.
· 사랑한다면 성적인 요구에 응해야 한다.

당연히 이들 편견은 모두 잘못된 것입니다. 성인 영화, 포르노 등의 성인물들이 이런 편견을 확산시키는 것은 앞에서도 이야기 했습니다. 또 기억해야 하는 것은 콘돔을 사용하지 않는 것도 성폭력이라는 것입니다. 왜인지 알지요? 성 감염증이나 임신의 위험이 따르는 것을 강요하는 것은 상대에 대한 커다란 폭력입니다. '사랑한다면 콘돔은 필요 없어', '정해진 상대라면 콘돔을 사용할 필요는 없어'라는 것은 아무런 근거도 없는 매우 위험한 생각입니다.

– 잘못된 편견 때문에 데이트 성폭력이 있는 건가요?

무의식중에 이런 편견이 작용하여 남성의 폭력적인 행동으로 이어지는 면이 있겠지요. 여러분이 남성이라면 가해자가 되지 않기 위해 잘못된 편견에 휩쓸리고 있는지 자각해서 자기 자신의 행동을 조절하는 것이 중요합니다. 욕망을 자제하는 것도 필요합니다. 그런 의미에서 여성에 비해 부담이 크고 상당한 노력도 필요할 수 있습니다.

데이트 성폭력의 가해자가 되지 않기 위해서는, 또 피해자가 되지 않기 위해서는 어떻게 해야 할까요? 어렵게 생각할 필요는 없습니다. 두 사람 모두 '하고 싶다'고 생각할 때만 콘돔을 사용하여 섹스를 하면 됩니다. 매우 간단합니다. 그것을 어렵게 만드는 것이 잘못된 편견이라고 할 수 있습니다.

그러나 가령 잘못된 편견이 있더라도 눈앞의 상대를 존중하는, 싫다는 것을 억지로 하지 않는, 인간관계에서 가장 기본적인 것이 흔들리지 않으면 데이트 성폭력은 일어나지 않습니다. 그리고 성폭력 피해자가 짊어질 너무 큰 상처를 생각하면 가해자가 되지 않는 것은 여러분에게 매우 중요한 문제입니다.

성폭행을 당했을 때 피해자가 신체적인 상처를 입는 일도 있습니다. 성 감염증이나 임신의 위험에도 노출됩니다. 당연히 강한 공포감도 느낍니다. 그리고 다음과 같은 다양한 신체적, 정신적 반응이 피해 당시만이 아니고 몇 개월, 때로는 1년 이상 지난 후에 갑자기 나타나거나, 몇 년에 걸쳐 이어지기도 합니다.

· 회상이나 악몽으로 피해가 다시 떠오른다.

· 통증이나 추위, 공복 등을 별로 느끼지 않게 된다.

· 감정이 메마르거나 주변에 대한 관심이 없어진다.

· 불면증이 온다.

· 항상 불안해하고 사소한 일에 놀란다.

· 화를 잘 내게 된다.

· '왜 도망치지 못했나'라며 자책한다.

· 자신이 가치가 없는 존재라고 생각한다.

· 세상이나 타인을 못 믿게 된다.

· 집중력이 떨어지고 무기력해진다.

경우에 따라서 두통이나 복통, 심장의 두근거림, 과호흡 등 신체적인 문제가 나타나기도 합니다. 또한 학교나 직장에 갈 수 없게 되거나 애인이나 파트너와 성적인 관계를 가질 수 없게 되는 경우도 있습니다. PTSD(외상 후 스트레스 장애) 증상이 나타나는 사람도 많고, 그 밖에 우울증이나 공황 장애, 알코올 의존증 증세를 보이는 경우도 있습니다. 주위 사람의 무신경한 발언이나 선의로 한 말에 의해 상처가 깊어지기도 합니다. '2차 성폭행', '2차 피해'라고 부릅니다. 데이트 성폭력의 피해자에게도 이런 반응이 일어납니다. 상대가 누구든 피해자가 입는 상처는 다르지 않습니다.

이제 피해를 당했을 때 할 수 있는 것에 대해 이야기하겠습니다. 만일 여러분이 피해를 당하더라도 여러분에게는 어떤 잘못도 없습니다. 피해를 입은 것은 여러분 탓이 아닙니다. 그것을 잊지 마세요. 그리고 가능한 신뢰할 수 있는 어른에게 의논하세요. 72시간(3일) 이내라면 긴급 피임용 필이 있기 때문에 100%는 아니지만 임신을 막을 수 있습니다.

섹스란 무엇인가?

다만 신뢰할 수 있는 어른이라도 동요한 나머지 여러분을 추궁하거나 여러분의 이야기를 믿지 않는 경우도 있습니다. 성범죄피해자 상담 창구에 연락하면 도움을 받을 수 있습니다. 만일 여러분의 애인이나 친구가 성폭행 피해를 당했을 때에는 추궁하지 말고 피해자의 이야기를 들어주세요. 여러분도 틀림없이 큰 충격을 받아 믿고 싶지 않은 마음이 들거나 가해자에 대한 분노가 끓어오르겠지요. 그래도 피해자를 위해서는 자신의 감정은 눌러야 합니다.

- 더 살펴볼 이야기

성폭력은 성폭행만이 아닙니다. 다음과 같은 것도 성폭력이 됩니다.

· 성적인 놀림이나 불쾌한 농담을 한다.
· 신체에 대해 놀린다.
· 나체나 성기를 보게 한다.
· 신체를 만진다.
· 성인용 영상물이나 성인 잡지를 억지로 보게 한다.
· 휴대 전화로 성적인 영상을 보낸다.

상대가 원하지 않는데 성적인 이야기를 하거나, 성적인 것을 보이거나, 몸을 만지거나 하는 것은 어떤 경우에도 성폭력입니다. 어떤 성폭력이라도 피해자가 받게 될 몸과 마음의 상처는 크고 회복하기까지 시간이 걸립니다.

– 남자도 피해를 당하나요?

당연하지만 남성도 성적인 놀림에는 상처를 입고, 자신이 원하지 않는 신체 접촉이나 성적인 것을 보게 되는 것은 싫습니다. '남성은 성폭력 피해를 당할 리가 없다'는 편견 때문에 자기 스스로를 강하게 책망하거나, 피해를 입어도 주위 사람들에게 이해받지 못해 남성 성폭력 피해자는 여성 피해자보다 고립되기 쉽다고 합니다.

섹스는 본래 멋진 것입니다. 그러나 그것을 자기 멋대로 타인에게 강요하면 심한 폭력이 될 수 있다는 것만은 기억해 둡시다. 여러분은 피해자가 어떤 고통을 당하는지 이 책을 통해 알았습니다. 누군가에게 그토록 고통을 안기는 가해자가 되고 싶지 않다고 지금 생각하고 있지요? 그것을 잊지 않으면 걱정 없습니다.

또 여러분이 가령 피해자가 되었다 하더라도 폭력을 당한 쪽의 책임은 없습니다. 여러분의 인격이 부정당한 것이 아니라는 것을 잊지 마세요. 고통스러운 경험을 거쳐 멋진 파트너를 만난 사람은 많이 있습니다. 여러분이 가해자도 피해자도 되지 않기를 진심으로 바랍니다.

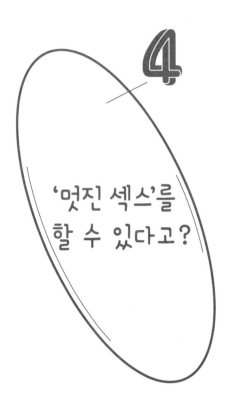

4

'멋진 섹스'를
할 수 있다고?

— '멋진 섹스'가 무언가요?

　돈벌이 수단으로 삼는다거나 장난처럼 생각하거나 일방적으로 자신의 욕망의 분출구로 생각하면 매우 추하고 무서운 폭력이 되기도 하는 것이 섹스입니다. 여러분이 그런 섹스에 관여하지 않기를 바라고, 그런 섹스는 최악의 경우 인생을 망칠 수도 있다는 사실을 알기를 바라는 마음에서 일부러 무서운 이야기도 했습니다. 섹스는 정말 '무서운 것'일까요? 답은 '아니요'입니다.

성 감염증, 원치 않는 임신, 성폭력 등 무서운 이야기를 한 것은 섹스는 위험한 것이니 가까이 하지 말라고 겁을 주기 위한 것이 아닙니다. 성의 위험에 대해 이해하고 예방법을 아는 것이 장래에 여러분이 '멋진 섹스'를 하기 위해 필요하기 때문입니다.

그럼 '멋진 섹스'란 무엇일까요? 그것은 서로 원하는 사람과 사람이 상대방을 소중히 여기고, 서로 사랑할 때 가능한 섹스입니다. 우리들의 생명이 타자와 함께 살고 싶다고 원하도록 만들어져 왔다는 것은 진화의 역사를 살펴보는 과정에서 이야기했습니다. 인간이라는 생물에게 이것은 불변의, 그리고 더욱 근원적인 욕구입니다. 그렇기 때문에 섹스는 '무서운 것'이라기보다는 '멋진 것'이라는 것이 훨씬 본질에 가깝다고 할 수 있습니다.

당연하지 않습니까? 섹스가 위험하고 무서워서 다가가지 않는 것이 좋은 것이라면 생명은 새롭게 태어날 수 없습니다. 그것은 그 종의 멸종을 의미하는 것입니다. 그럴 리가 없습니다. 섹스는 타자와 함께 만들어 가는 최고의 행복 중 하나입니다.

그렇지만 다른 한편으로 두려운 면도 있다고 한다면, 정말로 '멋진 섹스'를 하기 위해서는 역시 육체만이 아니라 정신적으로도 성숙하지 않으면 안 됩니다. 예전에 졸업을 앞둔 6학년 학생들에게 이 이야기를 했을 때 어떤 여학생이 "저는 섹스는 지저분한 것이라고 생각해 지금까지 그런 이야기를 듣고 싶지 않았어요. 그러나 이제는 섹스를 '멋진 것'으로 생각하는 어른이 되고 싶어요"라고 말했습니다. 저는 매우 기뻤습니다. 틀림없이 그 학생은 멋진 여성이 될 겁니다.

섹스가 '멋지다'고 생각하기 위해서는 여러분이 많은 생명의 도움을 받으며 살고 있는 것을 자각하고, 주위 사람과 함께하는 삶을 지향하며, 타자를 이해하고 따뜻한 마음을 가지는 것이 반드시 필요합니다.

– 무슨 이야기인가요?

여러분과 이어지는 생명이 어떻게 진화해 왔는지 생각해 보세요. 단순한 단세포 생물이었던 생명이 큰 발걸음을 내딛은 것은 자기 자신에게는 없는 능력을 가진 다른 생명과 공생하는 것에서 시작되었습니다. 그리고 살아남기 위한 전략으로 다른 개체와 공동으로 다음 세대를 남기는 성의 구조를 획득했습니다. 나와 다른 존재야말로 더없이 소중한 것입니다.

지구상의 생명은 어떤 작은 생물이라도 혼자서 고립해서 살아갈 수 없습니다. 모든 생명이 생명 활동을 통해 서로에게 영향을 미치며 살아가는 환경을 만듭니다. 이런 종적, 횡적인 연결 속에서 삶이 유지되는 것임을 자각한다면, 섹스가 지저분한 것이라고 생각될 리가 없습니다.

반대로 말하자면 신체가 어른에 가까워졌다고 해서 섹스를 할 자격이 있다고 생각하면 성급하다는 것입니다. 몇 살이 되면 괜찮다는 그런 말이 아닙니다. 어려도 정신적으로 성숙한 사람이 있고, 나이를 먹었어도 놀랄 만큼 정신 연령이 낮은 사람도 있으니까요. 스스로 판정을 내린다면 자기 자신에게 엄격한 정도가 가장 좋겠습니다.

전에 HIV 감염자나 에이즈 환자를 지원하는 활동을 하는 사람에게 들은 이야기를 소개해 보겠습니다. 그는 성의 위험에 대해 올바른 지식을 가졌음에도 불구하고, 고등학생 때 처음으로 섹스를 했는데 그 지식을 활용할 수 없었다고 자책했습니다. 구체적으로는 콘돔을 사용할 수 없었다고 합니다. 그 중요성도 필요성도 충분히 알고 있었는데 말입니다.

그는 "특히 어릴 때는 성에 관한 것은 적어도 1년에 한 번은 진지하게 배우는 것이 좋아요. 알고 있으니 됐다가 아니고 몇 번이고 마음에 새기지 않으면 실천할 수 없어요"라고 반복해서 말했습니다. 그리고 상대방 여성에게 미안하다고도 했습니다.

콘돔을 사용하지 않고 섹스를 했을 경우, 성 감염증이나 원치 않는 임신에 대한 불안이 따릅니다. 특히 여성이 그 불안을 감수해야 하는 것을 그는 이해하고 있었습니다. 정말 상대방을 생각하는 마음이 있으면 콘돔 없이 섹스하는 것은 있을 수 없다며 자기 자신을 반성하고 있었습니다.

– 섹스를 하는 데 사랑만으로는 안 된다는 건가요?

안 됩니다. '섹스는 사랑하는 사람끼리 하는 것'이라고 말할 수 있겠지요. 그러나 그것은 '사랑한다면 섹스한다'와 같지 않습니다. '사랑하는' 것과 '섹스하는' 것을 함께 생각하는 것은 때로는 위험합니다. '사랑한다면 섹스하는 것은 당연'하다며 상대에게 섹스를 강요하는 것과 같을 수도 있습니다.

사랑한다는 것은 몸과 마음, 상대의 모든 것을 사랑하고 소중히 여기는 것입니다. '섹스'를 '남성이 사정하는 성교'라는 식으로밖에 생각하지 않고, 사랑=섹스=성교라는 단순한 생각밖에 가질 수 없다면 정신적 성숙은 아직 멀었다고 생각하는 것이 좋습니다. 안타깝게도 우리 사회에는 이런 바보스럽고 유치한 생각이 존재합니다.

그런 섹스는 사랑의 아주 작은 일부입니다. 상대를 사랑하는 행위를 할 때 남성이 언제라도 반드시 발기한다고는 할 수 없습니다. 그리고 물론 남성이 발기하지 않아도(=성교하지 않아도) 섹

섹스란 무엇인가?

스를 하는 것은 가능합니다. 서로 사랑하는 행위로서의 섹스에 성교(와 사정)는 없어도 되는 것입니다.

예를 들어 남성이 어떤 장애로 발기하지 않게 되어도 몸을 서로 만지고, 체온을 서로 전하며 애무하면서 성적으로 정신적으로 충족되는 섹스는 가능합니다. 여성이나 인터섹스 등 발기하는 기능이 없는 사람도 마찬가지입니다. 발기하는 남성이라도 발기하지 않고 멋진 섹스를 하는 것이 가능합니다.

섹스란 몸의 교감을 통해 두 사람의 결합을 확인하는 가장 친밀한 커뮤니케이션의 하나입니다. 그것이 가능하다면 발기의 유무와 상관없이 섹스는 성적으로도 정신적으로도 정말 멋진 것이 됩니다.

– 전혀 모르겠는데 언젠가 멋진 섹스를 할 수 있을까요?

지금 당장 몰라도 됩니다. 섹스란 둘이서 조금씩 만들어 가는 것입니다. 갑자기 멋진 섹스가 가능한 것이 아닙니다. 우선은 몸도 마음도 성숙해서 제대로 상대를 생각할 수 있고, 자신에 대해서도 잘 아는 그런 사람이 되세요. 거기까지 자신을 성장시키면 여러분은 정말 멋진 섹스를 할 수 있을 겁니다.

덧붙인다면 성은 젊은 사람들의 한때의 문제가 아니라는 겁니다. 성, 그리고 사랑이란 우리가 오래, 아마도 죽을 때까지 함께하는 것입니다. 연령에 따라 사랑의 형태가 바뀔 수 있고, 나이를 먹으면 마음의 교감으로 비중이 옮겨 갈지도 모릅니다. 형태는 바뀌어도 서로 교감하며 나누는 마음은 같습니다. 성이란 스스로 생명으로서 진지하게 살아가는 것이기 때문이지요.

성은 원래 생식을 위한 역할 분담이었습니다. 원래는 하나였던 것을 두 개로 나누고, 다음 세대가 살아남기 위한 수단으로 성이라는 형태가 생겼습니다. 그래서 인간은 나와는 다른 상대를 찾아 함께하는 삶을 추구하는 것입니다. 타자도 소중하니 서로를 위하며 살아가는 것이 성입니다. 자기중심적인 것도, 돈벌이를 위한 것도 아니고 감춰야 하는 지저분한 것도 아닙니다.

그렇기 때문에 여러분이 성에 흥미를 갖는 것은 당연하고, 올바르게 알아야 합니다. 장난처럼 생각하지 말고 함께 이야기를 나누면 좋겠습니다. 여러분이 몸과 마음을 소중히 여겼으면 하는 바람에서, 섹스에 대해서도 정확히 알기를 바라는 마음에서 제가 아는 모든 것을 이야기했습니다. 올바른 정보를 알고, 똑바로 생각하고, 인간으로서 육체만이 아니고 정신적으로도 성장하기 바랍니다. 그때 여러분이 하게 될 섹스는 지저분한 게 아니고 틀림없이 멋지리라 생각합니다. 그렇게 자신감을 가지면 좋겠습니다.

나 혼자서 사는 것이 아니고 타자와 서로 의시하고, 서로 인정하며 함께 사는 것이 얼마나 멋진 것인지 아는 사람이 되기를 바랍니다. 그렇습니다. 여러분도 언젠가 진정으로 깊은 사랑을 하고, 사랑받는 사람이 되기를 바랍니다.

생명은 신비롭습니다. 신비로 가득 차 있습니다. 그렇기 때문에 멋진 것입니다. 언젠가 반드시 죽어야 하는 존재인 우리들, 그래도 죽는 순간까지 누군가와 함께 서로 의지하며 생명을 밝히고 싶습니다.

마치며

저는 어릴 적에 과학이나 수학을 잘 못했습니다. 사회 과목의 전문가도 아니고 하물며 성교육 전문가도 아닙니다. 그런 제가 어떻게 이런 책을 쓰게 되었을까요. 인생이란 재미있습니다.

아이들과 함께하는 초등학교 교실은 정말 재미있습니다. 아이들의 호기심은 왕성해서 그것을 채워 주는 수업을 할 때는 아이들만이 아니라 교사도 즐겁습니다. 저는 아이들이 배운 내용을 토대로 생각을 넓혀 갈 때 기쁨을 느낍니다. 시험 성적 같은 것은 그다지 신경 쓰지 않습니다. 오히려 수업 중에 한 사람 한 사람이 얼마나 깊이 생각하고 있는지, 어떤 토론을 하는지에 관심이 있습니다. 그래서 수업 후에 아이들이 자유롭게 쓴 노트를 보거나 작문을 읽는 것을 무척 좋아합니다. 정답이 있어서가 아니고 한 사람 한 사람이 친구들의 생각을 받아들이면서 무엇을 얻고, 어떤 생각을 하는지에 가치를 느끼기 때문입니다. 그렇기 때문에 아이들과 함께 멋진 문학 작품을 읽고 감상을 함께 이야기하거나, 감동을 공유하는 수업이 저는 좋습니다.

그러면서 저는 생각했습니다. 아이들이 알고 싶어 하는 것은 국어, 수학, 사회, 과학처럼 명쾌하게 구분되는 것만이 아니라는 것을요. 아이들이 '나는 대체 무엇인가, 어떻게 태어났고 또 죽으면 어떻게 되는가?'라는 것을 알고 싶어 한다는 것을요.

"가르쳐 주세요.", "알고 싶어요."

그런 마음과 진지하게 만나고 싶어서 수업을 진행하며 쌓인 것들이 이 책이 되었습니다. 저는 아이들이 "알고 싶다"는 생명의 신비로움에 대한 다양한 의문에 답하고자 열심히 조사해서 수업했습니다. 저는 이 수업을 '생명의 수업'이라 부릅니다. 그러나 생명에 대해서는 아무리 조사해도 모르는 것이 많았고, 그럴 때에는 "나도 몰라, 왜일까? 그렇지만 대단하다"라며 함께 신기해하는 좀 허술한 교사였습니다.

그러나 그런 허술한 제 수업을 많은 아이들이 지지해 주었습니다. 아이들만이 아닙니다. 매일매일 열심히 육아를 하고 계시는 학부모님들도 지지하고 응원을 보내 주셨습니다. 아이들이 "알고 싶다"는 것에 어른들이 제대로 성실하게 답해야 한다고 생각하는 저를 지지해 주신 것이라고 생각합니다.

제가 왜 '생명의 수업'을 시작하게 되었는지 돌아보고자 합니다. 학생 때에는 제가 초등학교 교사가 되리라고는 생각도 못했습니다. 놀기를 좋아했던 저는 중학생 때 전학을 가게 되었는데 이때 만난 친구들이 잘 대해 주어 공부를 하게 되었습니다. 그리고 대학에 진학했는데 가벼운 마음으로 시작한 자원봉사 활동에서 장애를 가진 어린이들을 만났습니다. 그것은 저의 미래를 결정하게 되는 잊지 못할 만남이었습니다. 그 아이들은 진심으로 놀지 않으면 전혀 상대해 주지 않습니다. 그 아이들의 엄청난 파워에 한방 얻어맞은 듯했고, 그리고 멋진 모습에 강하게 끌렸습니다.

그러나 이 아이들은 사회에서는 무척 살아가기 힘든 현실이라는 것을 조금씩 알게 되면서 저는 고민하게 되었습니다. 그들이 안심하고 행복하게 살기 위해서는 어떻게 하면 될까? 그들만 사회에 적응하는 훈련을 받으면 되는 것인가 ?

고민 끝에 학교 현장에서 장애를 가진 아이들을 받아들이는 것이 필요하다는 결론에 이르렀습니다. 그래서 교사가 되었는데 거기서 또 하나의 만남이 있었습니다. '도쿄슈레'라는 대안학교를 이끌고 계신 오쿠치 게이코 선생님과의 만남입니다. 대학을 졸업하고 교사가 된 그 해에 당시 공립 초등학교의 선생님이셨던 오쿠치 선생님의 강좌를 들으러 간 것입니다. 그때 오쿠치 선생님이 실천하고 계셨던 수업이 바로 저의 '생명의 수업'의 기반입니다. 그리고 그 강좌에 오신 7~8명(학생 클럽 선생님, 조산사, 주부 등)이 의기투합해 '생명'에 대한 연구회를 시작했습니다.

마치며

매월 연구회에서는 미나마타에서 유기 농업을 하는 사람의 이야기를 듣거나, 연어 방류를 하는 사람의 이야기를 듣거나(태어난 강으로 돌아오는 연어가 사는 환경을 생각했습니다), 생물학자의 이야기를 듣는 등 다양한 주제를 '생명'이라는 관점에서 공부했습니다. 저는 초등학교 교사로서 '삶'과 '죽음'이라는 근원적인 주제를 아이들이 알고 싶어 하며, 생명에 대해 아이들과 생각하는 수업을 하면 좋겠다고 연구회에서 발표했습니다.

커리큘럼도 없었고 지금 생각해 보면 젊어서 넘치는 의욕으로 주위 선생님들에게 민폐를 끼친 것 같습니다. 그러나 이 수업을 하다 보면 항상 학생들과 하나가 되곤 했습니다. 학생들이 "어떤 질문도 괜찮다"고 생각하는 신뢰 관계가 생겼습니다. 아버지와 어머니의 사이가 나쁘다거나, 꺼내 놓기 힘든 상담을 하는 학생도 있었습니다.

초등학생들 중에도 성에 관한 것을 웃음거리로 삼거나 외설적인 농담으로 남학생들이 낄낄거리고, 여학생들은 불쾌해하는 일도 있습니다. 그러나 '생명의 수업'을 하자 학생들에게 그런 일은 없어졌습니다. 생명에 관한 것은 인간에게 중요한 것이기 때문에 가볍게 농담을 하거나 장난거리로 삼아서는 안 된다는 분위기가 생겨났습니다.

저희 학교에서는 지금은 '생명의 수업'에 다른 선생님도 함께

하고 있습니다. 물론 각자의 방식으로 응용해서 하고 있습니다. 각자 선생님의 개성으로 매우 멋진 수업이 진행됩니다. 성에 대해서만 가르치는 것이 아니고 인간이 어떻게 살아가야 하는지를 함께 나누기도 합니다. 선생님이라는 한 사람의 인간이 인간으로서 소중한 것을 학생들에게 전하고 싶은 마음이 있기 때문이라고 생각합니다. 산다는 것을 생각하다 보면 생명이 이어지는 부분에 놀라게 됩니다. 지금 여기에 살고 있는 것의 무게를 알고, 신비롭고 잘 모르는 것을 함께 배워 가는 수업이라 학생들과 하나가 될 수 있는 것이라 생각합니다. 이렇게 '생명의 수업'을 계속하다 보니 어느새 30년이 지났습니다.

저는 젊은 사람들이 자신에 대해 긍지를 가지기 바랍니다. 태어난 것만으로도 기적적인 한 사람 한 사람이 자신의 생명을 환히 밝히고, 알고 싶은 것을 알고, 하고 싶은 것을 할 수 있는 사람이 되기를 바랍니다. 그런 사람은 많은 사람들과 힘을 합해 연대하며 살아갈 수 있다고 생각합니다. 그리고 그런 삶의 방식이야말로 '생명의 본질을 관통하는 삶의 방식'이라고, 38억 년 생명의 역사가 증명하고 있는 길이라고 생각합니다.

여러분이 여러분답게 살아갈 수 있기를,

자신의 존재에 긍지를 가질 수 있기를,

그렇게 기도하며 펜을 놓겠습니다.

마치며

한국의 독자들께

일본에서 이 책이 출판되고 3년의 세월이 흘렀습니다. 3년간 일본에서는 어떤 변화가 있었나 생각해 봅니다.

LGBT라는 말은 3년 전보다 빈번히 들을 수 있게 되었습니다. 이 문제를 다루는 신문 기사도 증가했고 동성 커플의 권리를 인정하자는 움직임도 전보다 활발해졌습니다. 그런데 사람들의 의식이 비약적으로 발전했는가 하면 그렇지는 않습니다. 소수자, 약자에 대한 편견이나 차별은 오히려 증가한 것 같습니다. 거리에서 헤이트 스피치(편파적인 발언이나 언어 폭력)가 공공연히 행해지고, 방사능 누출 사고가 일어난 후쿠시마를 배제하자는 사람들의 목소리가 커지고 있는 안타까운 현실을 목격하는 일이 많아졌습니다. 이지메로 고통받다가 스스로 목숨을 끊는 아이들도 줄지 않습니다. 원치 않는 임신과 출산으로 힘들어하며, 위태로운 생활을 할 수밖에 없는 여성들도 많습니다. 어린이부터 젊은이, 고령자까지 빈곤으로 고통받는 사람들이 증가하고 사회의 격차는 점점 벌어지고 있습니다.

이런 현실은 일본만이 아니어서, 세계로 눈을 돌려 보면 난민을 받아들이는 것을 거부하는 유럽 사람들, 총기 규제를 반대하거나 이민을 배척하는 트럼프를 지지하는 미국 사람들, EU 탈퇴를 지지하는 영국 사람들 등, 나만 좋으면 타인은 어떻게 되든 상관없다는 사람들의 모습을 여기저기에서 보게 됩니다. 세계는 이대로 동질적인 것들끼리 똘똘 뭉쳐서 소수자를 배제하는 무자비한 사회를 향해 가는 것일까요?

　저는 이 책에서 38억 년 동안 이어져 내려온 생명의 역사를 살펴보면, 생명의 본질은 이질적인 것들이 서로 도우며 보다 나은 내일을 향해 온 것이라고 이야기했습니다. 그렇게 함으로써 생명은 몇 번이나 멸종의 위기를 경험하고도 살아남아 발전해 올 수 있었습니다. 다양하기 때문에 살아남았고 진보해 온 것입니다. 그것은 인간도 마찬가지입니다. 동질적인 것끼리 똘똘 뭉친 사회는 위험합니다.

　물론 다양한 생물들이 함께 사이좋게 살아가는 것은 쉬운 일이 아닙니다. 그렇기 때문에 앞으로의 세대를 짊어질 젊은이들이 사고를 멈추지 말고 지속적으로 생각해 주었으면 합니다. 흑과 백의 이원론은 간단하고 이해하기 쉬울 수 있지만, 거기에는 본질이 드러나지 않습니다. 입장이 다른 개성적인 한 사람 한 사람의 생각을 한데 잘 모아서 이어 가지 않으면 보다 좋은 사회

한국의 독자들께

는 만들 수 없습니다. 나만 좋으면 된다는 생각으로는 지금 지구가 내고 있는 비명을 들을 수 없습니다.

산다는 것은 단 한 번의 기회입니다. 자신감과 긍지를 가지고 다른 사람들과 함께 배우며 연대해 가면, 인생은 틀림없이 더욱 풍요로워지리라 생각합니다. 부디 전 세계 사람들이 모두 함께 살아갈 수 있기를 바랍니다. 아주 작은 목소리이지만 이 책이 그런 바람을 이루는 데 도움이 될 수 있다면 더 바랄 것이 없겠습니다.

가와마쓰 야스미

2018년 2월

궁금해요·
Q&A

01. 자위는 몸에 해롭지 않나요?

해롭지 않습니다. 과거에 유럽이나 미국 등 기독교 사회에서는 자위는 죄악이라고 여겨 남자가 자위를 할 수 없는 기구를 만들기도 하고, 성욕이 없어지는 음식을 개발하기도 했습니다. 거짓말 같은 이야기지만 사실입니다.

자위를 너무 많이 하면 병에 걸린다거나, 자위를 하면 섹스만 생각하게 된다고도 했지만 근거가 없는 것으로 밝혀졌습니다. 섹스만 생각하는 것은 사춘기라면 있을 수 있는 일입니다. 그렇다고 자위가 반드시 해야 하는 것은 아닙니다. 매일 하는 사람도 있고, 일주일에 한 번 정도 하는 사람도 있고, 별로 안 하는 사람도 있습니다.

참고로 예전에는 여성에게 성욕은 없다는 것이 사회적인 이미지(혹은 선입관)였기 때문에, 여성은 남성보다 훨씬 더 자위하면 안 되는 것으로 여겼습니다. 만일 여러분이 여성인데 자위에 대해 저항감이 심하다면, 과거의 이미지가 아직 사회에 남아 있기 때문일 수 있습니다. 물론 그런 것은 신경 쓰지 않아도 됩니다. 남성이나 여성 모두 주의해야 하는 것은 성기나 손을 청결히 해야 한다는 것 정도입니다.

02. 남자가 여자보다 성욕이 많지요?

사춘기의 성욕은 남녀 간의 발달의 차이가 있습니다. 남자는 고등학생 정도가 되면 섹스, 그중에도 성교하고 싶은 욕구가 강해지는 데 반해, 여성은 키스나 포옹 등에 동경하는 마음이 있어도 성교를 하고 싶은 욕구는 그다지 강하지 않을 수 있습니다.

그래서 고등학생끼리 사귈 경우, 남자는 성교하고 싶은 욕구가 있는데 여자에게는 그런 욕구가 없을 수 있습니다. 그런데도 여자가 '나를 싫어하면 어쩌지?' 하는 마음에 남자의 요구에 응해서 섹스를 해야 한다고 생각하기도 합니다.

이럴 때 저의 충고는 "그런 일로 싫어하는 상대라면 헤어지세요"입니다. 남자와 서로 이야기를 나누고 "네가 섹스를 하고 싶은 것은 알겠지만 나는 하고 싶지 않아"라고 말할 수 있는 관계를 만들어 가기를 바랍니다. 여러분이 억지로 한다고 해서 그것이 행복으로 이어지지는 않습니다. 진정으로 여러분을 생각하는 남자 친구라면 강요할 리가 없습니다.

남자에게는 "여자 친구가 '섹스하고 싶지 않아'라고 말했다고 해서 당신을 싫어하는 것이 아닙니다"라고 말해 주고 싶습니다. '당신을 너무 좋아하지만 하고 싶지 않은' 마음도 있는 것입니다. 그럴 때에는 기다려 주세요. 소중한 사람의 마음은 소중히 여겨 주어야 합니다.

03. 섹스는 본능이니까 자기 자신도 억제할 수 없지요?

본능인지 아닌지는 접어 두고, '성교하고 싶다'는 충동이 생기는 일은 있겠지요. 그러나 섹스(성교)는 순간의 충동으로 하거나, 그저 상대에게 이끌려 하기에는 몸도 마음도 위험이 너무 큽니다. 충동적으로 하는 것은 자기 자신에 대해서도 상대에 대해서도 무책임한 행동이 됩니다. 성의 욕구는 조절하는 것이 필요합니다. 본능이니 제어할 수 없다고 생각해서는 충동을 억제할 수 없습니다.

여러분이 남성이고 강한 성 충동을 느낀다면 그것을 조절하는 것이 중요합니다. 그것을 할 수 있는 것은 여러분 자신뿐입니다. 혹시 어찌할 수 없는 성욕을 주체하지 못할 수도 있는데, 그것이 평생 계속되지는 않습니다. 고작해야 4~5년일까요? 여러분에게는 상당히 길게 느껴지겠지만 스스로 조절해 가는 수밖에 없습니다.

사춘기 남자 모두가 억제할 수 없는 성 충동에 휘둘리는 것도 아니고, 성욕으로 고민하면서도 억제하고 있는 사람, '성적으로 적극적'이라는 이미지를 부담스럽게 생각하는 남자도 있습니다. 남자는 모두 성욕이 왕성하다는 편견에 영향받고 있지는 않은지, 한번 생각해 보는 것도 좋겠습니다.

04. 처음으로 섹스하면 여성은 출혈하나요?

처음으로 성교할 때 처녀막이 파열되어 출혈한다고 믿는 사람이 있는데 잘못된 것입니다. 처녀막이라는 말 때문에 막이 질 입구를 덮고 있어서 처음으로 페니스가 삽입될 때, 그 막이 파열된다고 생각할 수 있는데, 실제로 질 입구를 덮는 막 같은 것은 있을 리가 없습니다. 만약 질 입구가 막으로 덮여 있다면 월경 혈이 밖으로 나올 수 없고 탐폰을 넣을 수도 없습니다. 처녀막은 질의 주변에 있는 얇은 점막을 가리키는 것이라고 하는데, 처녀막은 없다고 말하는 의사도 있습니다. 그만큼 애매한 말입니다.

처음으로 페니스가 들어오면 질의 내벽이 쓸려 상처가 나서 출혈이 있는 경우도 있지만, 첫 섹스에서 반드시 출혈한다는 것은 틀립니다. 그렇기 때문에 출혈로 성교 경험이 있었는지 없었는지를 판단하는 건 잘못입니다.

05. 필을 복용하고 있어도 콘돔이 필요한가요?

필요합니다. 매일 필을 복용하면 임신하는 일은 없지만 깜빡하고 하루라도 빼먹으면 임신할 수 있습니다. 더 중요한 것은 콘돔을 사용하지 않으면 성 감염증에 무방비로 노출된다는 겁니다.

필은 여성이 복용하는 피임약입니다. 매일매일 복용함으로써 호르몬의 역할을 조절해서 배란되지 않도록 합니다. 필을 복용하는 동안은 배란은 일어나지 않기 때문에 어렵게 정자가 난관까지 도달해도 난자가 없기 때문에 수정란이 되지 않습니다. 필을 복용해서 억제되는 것은 배란이기 때문에 월경은 있습니다. 필은 28일 주기로 복용하도록 만들어져 있어서 월경은 28일 주기로 확실히 있습니다.

그런데 난자는 배란되어 하루만 살 수 있기 때문에 배란 예정일 전후 며칠만 콘돔을 사용하면 안전하다는 생각은 잘못된 것입니다. 배란일은 어긋나는 경우도 있기 때문에 임신 가능성이 있습니다. 그리고 콘돔이 성 감염증을 예방할 수 있는 것은 말할 필요도 없습니다. 또 사정 직전에 페니스를 질에서 빼내 사정하는 질외 사정도 피임법의 하나라고 생각하는 사람도 있는데, 사정하기 전의 분비액에도 정자가 존재하기 때문에 안전하지 않습니다. 물론 성 감염증 예방도 되지 않습니다.

06. 콘돔이 그렇게 대단한가요?

그렇습니다. 다만 콘돔은 올바르게 사용해야 합니다. 콘돔을 사용하는 것은 점막이나 분비물과의 접촉을 피하고 성 감염증의 감염을 막고, 정자를 질 안에 넣지 않아 임신을 막기 때문입니다. 즉 페니스에서 나오는 분비물이나 정액을 모두 확실하게 콘돔 속에 담아 두지 않으면 의미가 없습니다. 조금이라도 새면 콘돔을 사용해도 효과가 없습니다.

올바른 사용 방법을 설명하지요.

페니스가 발기하면 상대의 성기에 접촉하기 전에 처음부터 콘돔을 착용합니다. 개별 포장 상태에서 꺼낼 때는 콘돔을 한쪽으로 밀고 반대쪽 끝을 손가락으로 자르는데, 잘린 부분은 완전히 잘라 냅니다. 끝까지 자르지 않으면 꺼낼 때 콘돔에 상처가 날 수 있습니다.

콘돔에는 안과 겉이 있습니다. 말려 있는 쪽이 겉입니다. 안과 겉을 확인한 후 겉면을 위로 하여 콘돔 끝 부분의 정액이 담기는 부분을 손가락으로 가볍게 눌러 공기를 뺍니다. 공기가 들어간 채 착용하면 사용 중에 찢어질 위험이 있습니다. 손톱으로 상처를 내지 않도록 주의합니다.

그대로 귀두 위에 올려놓고 다른 손으로 발기한 페니스의 살갗을 뿌리 쪽으로 잡아당기고, 남은 피부를 뿌리로 밀어 둡니다. 그

① 콘돔을 한쪽으로 밀고 개봉한다.
포장지를 끝까지 완전하게 잘라 낸다.

② 콘돔의 겉면을 위로 하여
손톱이 닿지 않도록 조심스럽게
정액이 담기는 부분의 공기를 뺀다.

말려있는 쪽이
겉면

③ 콘돔을 귀두에 놓고
한쪽 손으로 페니스의
살갗을 뿌리까지 밀어 둔다.

④ 콘돔을
중간까지
내린다.

⑤ 콘돔을
씌운 부분을
귀두 방향으로
잡아당긴다.

⑥ 뿌리에 밀려 있던
살갗을 늘려서 콘돔을
뿌리까지 씌운다.

⑦ 사정을 한 후 페니스의
뿌리에서 콘돔을 누르며
질에서 페니스를 뺀다.

⑧ 정액이
새어 나가지 않도록
묶어서 버린다.

꾸욱

콘돔을 두 겹으로 끼우면
찢어질 수 있어
절대 ✕ !

상태에서 콘돔을 천천히 양 손가락으로 페니스의 중간까지 내립니다. 뿌리로 밀어 두었던 살갗에는 콘돔을 씌우지 않습니다.

다음으로 콘돔을 씌운 부분을 귀두 방향으로 잡아당겨 뿌리에 남아 있던 피부를 늘리듯이 한 후 콘돔의 나머지 부분을 뿌리까지 씌웁니다. 이렇게 하면 콘돔이 잘 밀착됩니다. 이것으로 착용 완료입니다.

사정하면 바로 콘돔의 뿌리 부분을 잡아 정액이 새어 나오지 않도록 질에서 페니스를 천천히 빼냅니다. 사정 후에 페니스는 작아지기 때문에 그대로 두면 콘돔에서 정액이 샙니다. 콘돔을 페니스에서 분리하고 정액이 새지 않도록 묶어서 버립니다.

나의 한 글자 02 성

사랑을 하고 싶은 너에게

초판 1쇄 발행 2018년 3월 8일
초판 4쇄 발행 2020년 5월 15일

지은이 가와마쓰 야스미
옮긴이 형진의

펴낸이 이수미
일러스트 이다
북 디자인 정은경디자인
마케팅 김영란

출력 국제피알   종이 세종페이퍼   인쇄 두성피앤엘   유통 신영북스

펴낸곳 나무를 심는 사람들
출판신고 2013년 1월 7일 제2013-000004호
주소 서울시 용산구 서빙고로 35, 103동 804호
전화 02-3141-2233 팩스 02-3141-2257
이메일 nasimsabooks@naver.com
블로그 blog.naver.com/nasimsabooks

번역글 ⓒ 형진의 2018
한국어판 출판권 ⓒ 나무를 심는 사람들 2018
ISBN 979-11-86361-61-0 44470
      979-11-86361-59-7(세트)

이 도서의 국립중앙도서관 출판예정도서목록(CIP)은 서지정보유통지원시스템 홈페이지
(http://seoji.nl.go.kr)와 국가자료종합목록 구축시스템(http://kolis-net.nl.go.kr)에서
이용하실 수 있습니다. (CIP제어번호:CIP 2018004198)

책값은 뒤표지에 있습니다. 잘못된 책은 바꾸어 드립니다.